U0074826

Let's Go！自然探索任務

邊學邊玩有趣實用的生物‧地科‧天文知識

監修／露木和男　繪／河南好美　譯／李彥樺

審定／王靖華、顏聖紘

前言

給正在閱讀本書的你

謝謝你翻開了這本書。

最近你是否曾經因為什麼事情，而打從心底深深感動、驚訝或感到不可思議？最近你是否感受過歡喜雀躍？

我相信這本書，一定能夠帶領你走進一個令人歡喜雀躍的世界。自然科學就是這麼一個神祕又充滿了感動的領域。

小時候的我，也有過完全相同的體驗。例如以下這個經驗，就讓我感動了好久……

當時就讀國小五年級的我，參加了一場由昆蟲社團舉辦的集訓活動，前往位於日本九州的英彥山。那天傍晚，我聽見旅館旁的樹上傳來了以前從來沒有聽過的奇妙蟬鳴。

後來我才知道，發出那個聲音的是一種名叫「日本暮蟬」的昆蟲。

在此之前，我一直住在北九州的都會區裡，從來不知道有暮蟬這種昆

蟲。那叫聲聽起來像是清脆的鈴聲，給人一種相當涼爽的感覺。第一次聽到暮蟬叫聲的那種奇妙感受，在我的心中留下了深刻印象。

如今已過了60個年頭，那聲音依然深刻的烙印在我的心頭。如何，是不是很奇妙？

我向來認為歡喜雀躍的心情，能夠讓自己的「內心世界」變得更加豐富。越常感覺到歡喜雀躍的人，內心世界越是多采多姿。

這本書正可以帶著你走進一個「多采多姿的世界」。

❶ 體會一下「興奮的感覺」吧

你知道英文的「sense of wonder」是什麼意思嗎？簡單來說，就是「能夠對神祕、不可思議的事物感到驚奇的感受性」。我認為在接下來的時代，這將是一個非常重要的能力。所謂的感受，指的就是驚訝、詫異、受到感動等，內心感到興奮的狀態。

那意思並不像你先是觸摸什麼很燙的東西，然後再感覺「好燙」。而

是要積極、主動的察覺及感受到對自己真正有價值的東西。

我相信光是閱讀本書，就能為你帶來興奮的心情。你將能夠沉浸在「吸收新知」的喜悅當中，內心讚嘆「原來還有這樣的世界」。但你除了閱讀，還必須要實際走出屋外，才能為你自己帶來真正的改變。

你應該要投注全部的注意力，用心「去看、去聽、去聞、去觸摸」。你將會發現一個完全投入的自己，並且在其中獲得快樂。

❷ 察覺大自然的奧妙

本書有些單元提到了「擬態」與「偽裝」。有些動物可能看起來很像樹葉，很像鳥糞，或是很像另一種可怕的動物。

絕大多數的昆蟲，或多或少都有著擬態或偽裝這樣的模仿能力。雖然模仿的手法五花八門，但主要的目的都是要避免自己遭敵人攻擊。

當你親眼見證那擬態與偽裝的巧妙，你一定會大受感動。同時你會深刻感受到昆蟲能夠演化成這個模樣，是一件多麼不可思議的事情。

不只是昆蟲，植物也一樣。每一種生物都在運用獨特的智慧，努力活下去。當你體認到這一點，你就能夠對這地球上的所有生物都感同身受。

③試著提醒自己仔細觀察

如果只是漫不經心的看著，很難看出大自然的真正面貌。就好像一個朋友，如果沒有認真相處，當然也就沒有辦法真正互相理解。

當你抱持著「想要仔細觀察」的心情，你才會看見那些「原本看不見的事物」。在這些「原本看不見的事物」中，包含了生物與生物的關聯性，以及生命的變化與智慧。那會為你帶來一種奇妙的感覺，你將會深刻體認到眼前的生物是經過了漫長的演化過程，才獲得了如今的面貌。

④試著挑戰一項任務看看

本書所介紹的任務，有些會受限於生活的環境或狀況而難以執行。例

如有些昆蟲如今已經是相當珍貴的物種，你可能不容易在生活環境或鄰近的郊外發現。但或許當你長大之後，還是有機會在某個地方偶然遇到這些昆蟲。

到了那個時候，你就可以回想起本書的內容，告訴自己「我完成了一項任務」。這種深藏在心底的回憶突然浮現心頭的感覺，是不是很美妙呢？

所以你並不需要現在就完成所有的任務。你只要把這些任務藏在自己的心裡就行了。那將為你帶來踏進大自然的契機。

5 「溫柔」的真正意義

「溫柔」這項特質，應該是幫助人看見「原本看不見的事物」，並且理解其背後的來由。

地球誕生至今，已經有46億年的歷史。唯有了解大自然、走進大自然，才能讓我們真正明白地球的美好。

如果你本來就是個對朋友、對家人「溫柔」的人，相信你一定能夠領會這個真諦，真正看見地球奧妙中「原本看不見的事物」。

讀完了本書之後，到附近的公園走走吧！

本書監修 **露木和男**

第1章 動物

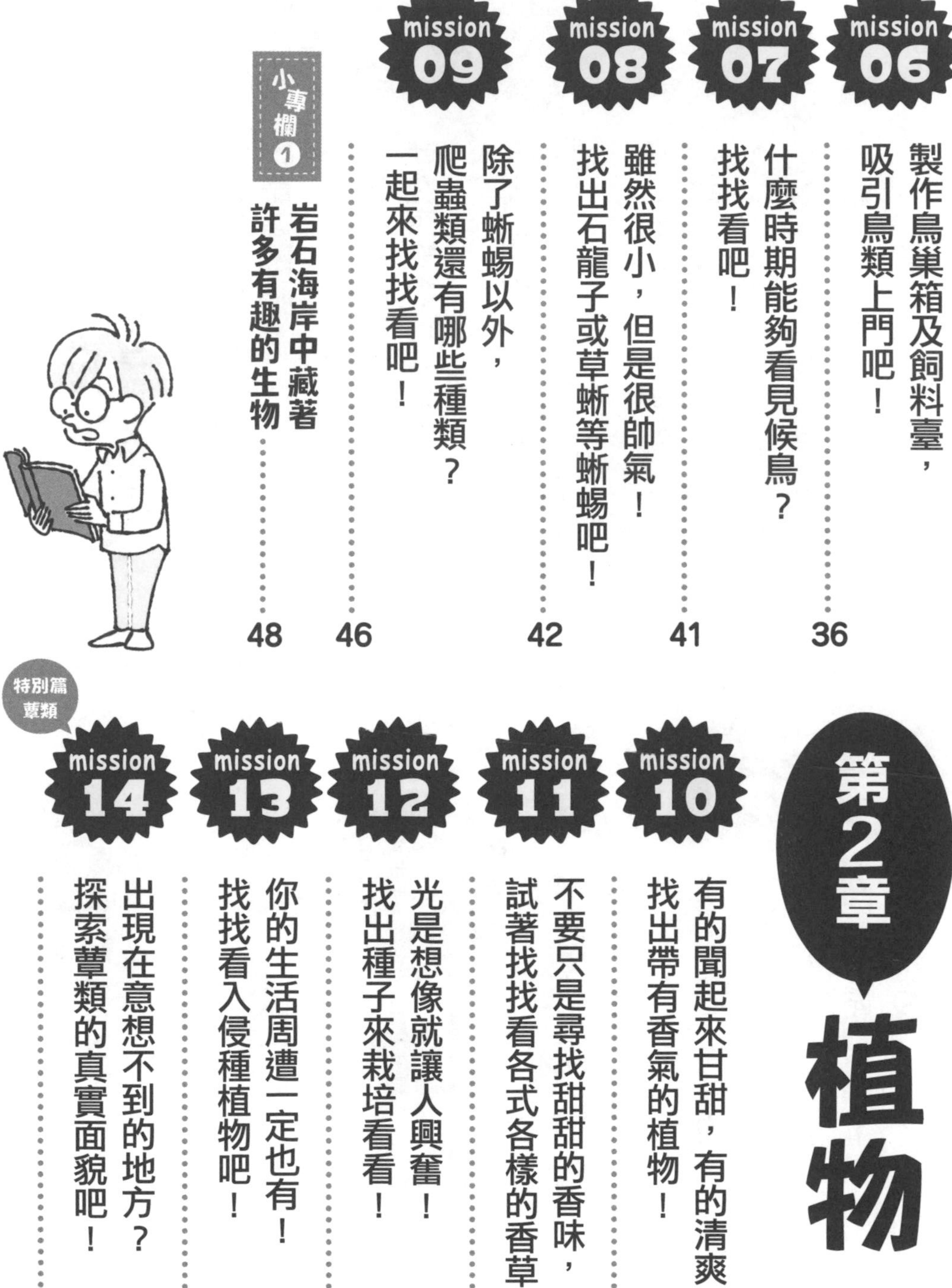

第2章 植物

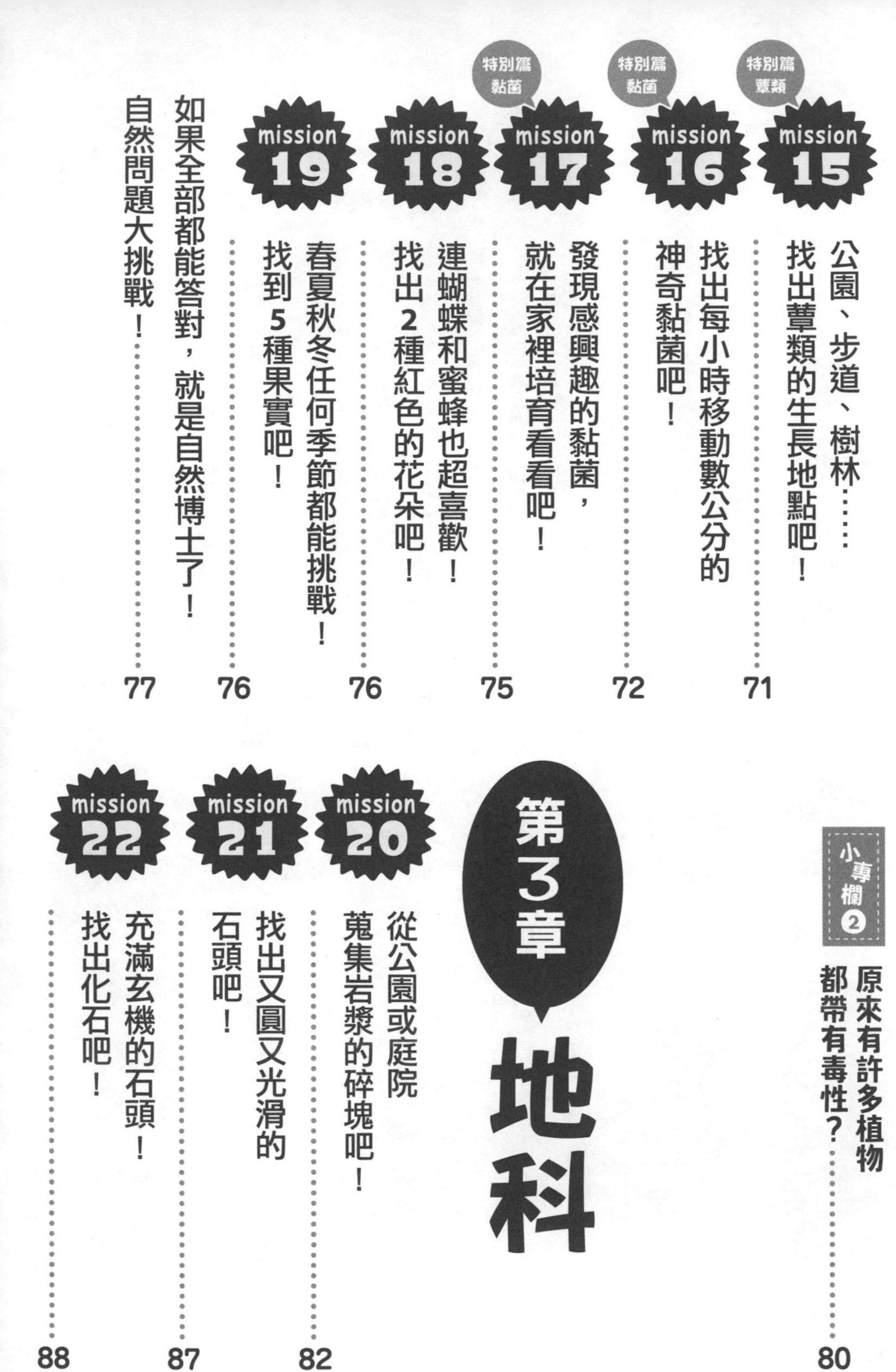

第3章 地科

第4章 天文

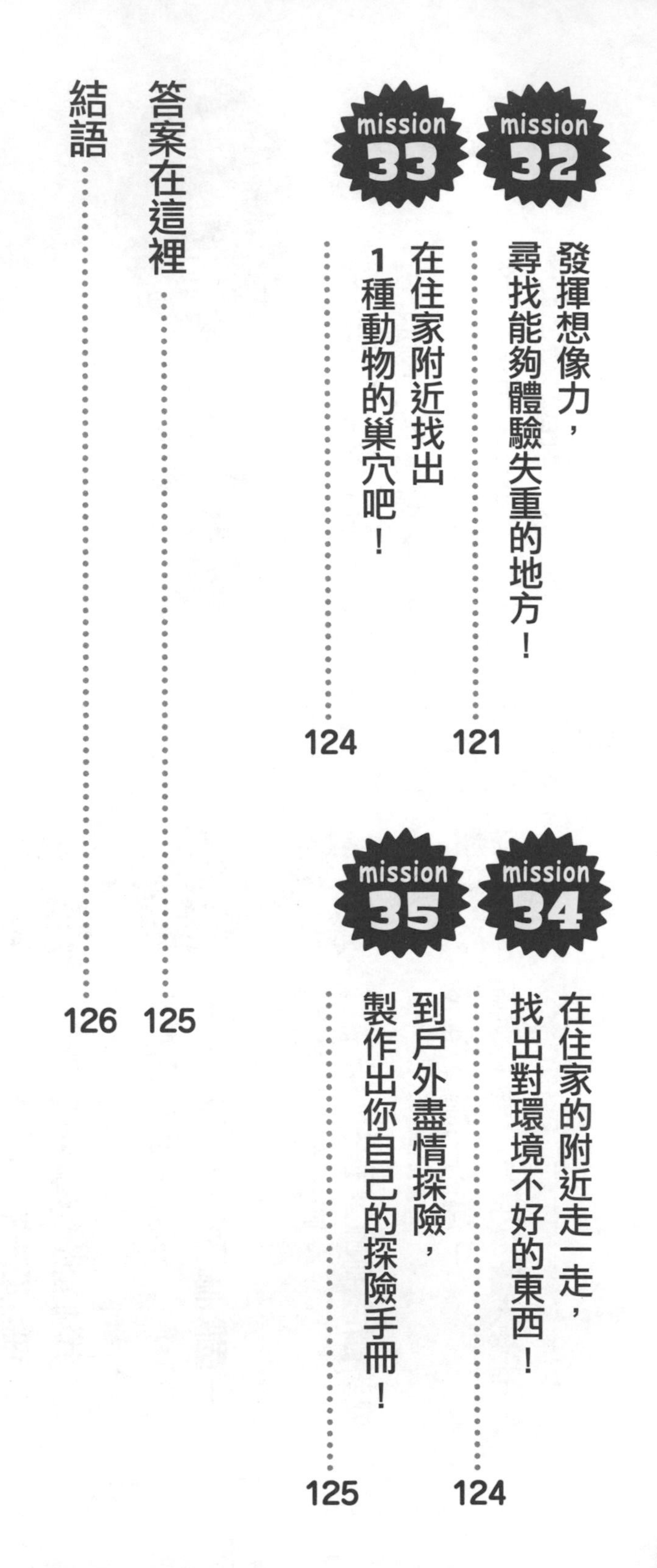

本書的使用方式

本書涵蓋了「動物」、「植物」、「地科」、「天文」這4個領域，總計35項任務。每一次深入調查、達成任務，都是獲得知識的好機會。

舉例

這裡會介紹一些能夠激發想像力或具體的例子。在挑戰任務前先確認這裡的資訊，一定能夠幫助你更加輕易的達成任務。

提示

這裡會提供關於任務的主要提示及建議，例如「能夠在哪裡找得到」或是「要注意什麼事」，也可以當成小知識來讀。

mission

英文的mission就是「任務」的意思。本書中的任務，都是以理解大自然的奧祕並樂在其中為目的。可以依照順序一一挑戰，也可以直接挑選自己感興趣的任務挑戰。

小任務

如果想要進一步挑戰延伸任務，可以參考這裡的「小任務」。雖然名為小任務，但有些要達成可是很不容易！

豐富知識

除了任務的說明之外，還會介紹各式各樣的資訊，讓你一邊挑戰任務，一邊增長知識。例如與任務中生物相關的驚奇能力及歷史等，保證讓你大開眼界。

改變你對大自然的印象！

大自然的奧祕
精選知識預告！

本書接下來會介紹各種關於生物、地球及宇宙的奇妙知識！
後面將有各式各樣的神奇事物等著你來探索。

精選預告 1

螳螂的視野幾乎是360度？

螳螂的特徵之一，就在於那幾乎占了頭部一半的大眼睛。由於前面有著兩顆看起來像是黑色瞳孔的東西，許多人都會誤以為牠在看著前方。但其實螳螂的眼睛構造相當獨特，就算面對著前方，還是能看見背後。

精選預告 2

樹木為了讓自己被陽光照射到，會努力讓自己超越其他樹木！

樹木需要太陽光才能生存與成長，所以如果有一棵樹生長在高大的樹木旁邊，這棵樹會妥善運用自己的所有養分，盡可能讓自己長高，超越旁邊那棵樹。

精選預告 3

恐龍身上有羽毛？

世界上經常有新的恐龍化石出土，關於恐龍外貌的推測也不斷翻新。近年來科學家發現了有羽毛的恐龍化石，因而推測恐龍很可能跟鳥類一樣，身上覆蓋著羽毛。

精選預告 4

宇宙中有著鑽石組成的行星？

科學家在距離地球40光年遠的位置發現了一顆行星，那顆行星的組成物質很有可能是鑽石，而且大小是地球的2倍。實在很難想像上頭有多少鑽石，真是一顆富有的行星呢。

精選預告 5

候鳥身體竟然具備類似指南針的功能？

春天時，有些候鳥會待在食物較多的地方養育孩子，等到天氣變冷，再飛到溫暖地點避冬。為了不在長程旅途中迷路，據說候鳥體內有著類似磁鐵的功能，能夠感受到地球磁場，像指南針一樣辨別方位。

精選預告 6

森林裡有一種變形蟲狀的生物，會以時速數公分的速度移動！

森林中有一些又像動物、又像真菌的生物，科學家稱呼牠們為「黏菌」，也被叫做「會走路的菌類」。牠們會為了尋找最適合繁衍後代的環境，而在樹枝與枯葉間以時速數公分的速度移動。

精選預告 7

有些昆蟲會躲在螞蟻的巢穴裡偷食物吃？

每種昆蟲的生存手法都不相同。例如體型只有3毫米大的蟻蟋，並不會築自己的巢，而是會躲在螞蟻的巢穴裡，吃螞蟻送進來的食物。真是狡猾的傢伙呢。

仔細觀察你的身邊，你也能發現地球與生命的奧祕！

接下來將有什麼樣的感動
在等著我們呢？
讓我們先從動物開始，
來一趟奇妙的探尋之旅吧！

第1章

動物

蝗蟲、蝴蝶、鳥類、蜥蜴……在我們的生活周遭，有著形形色色的動物。一起來找找看，常見的動物有哪些神奇能力吧。相信你一定會對牠們澈底改觀！

mission

01

幫助你達成任務

☑ 昆蟲可能躲在比較高的草叢裡。
☑ 也可能躲在樹葉背面。
☑ 豎起耳朵聽聽看，有沒有蟲叫聲？

Tips

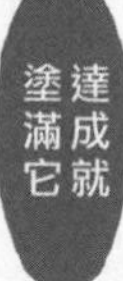

可能會有這種昆蟲！

像個昆蟲學家一樣到處探險，一定能發現最有趣的昆蟲世界！

第一項任務，就是找出住家附近的昆蟲。可以去公園找，也可以到河邊找。或許你心裡會認為「這太簡單了」。要找出1隻昆蟲，確實一點也不難，但是要找出3隻不同種類的昆蟲，可就沒有那麼容易了。不過如果你是一個懂得如何觀察大自然的孩子，相信這應該難不倒你才對。

發現昆蟲之後，請好好觀察牠，找出牠的帥氣、可怕，或是古怪的地方。就算你原本有點害怕昆蟲，當看見了如寶石般美麗的昆蟲，或是能跳得非常高的運動選手型昆蟲，一定也會被昆蟲的魅力深深吸引吧！

你發現了幾隻昆蟲？
昆蟲的身體是多麼奇妙又不可思議！

看看這些生物，即使同樣是昆蟲，每一隻的特徵卻截然不同，身體的構造也完全不一樣。這些特徵及構造，都完美呈現了昆蟲的能力。

靠著有如鐮刀般的鋒利前足及寬廣的視野捕捉獵物！

炯炯有神的大眼睛，擁有著幾乎接近360度的視野。就算面對著前方，也能清楚的看見背後的景象！

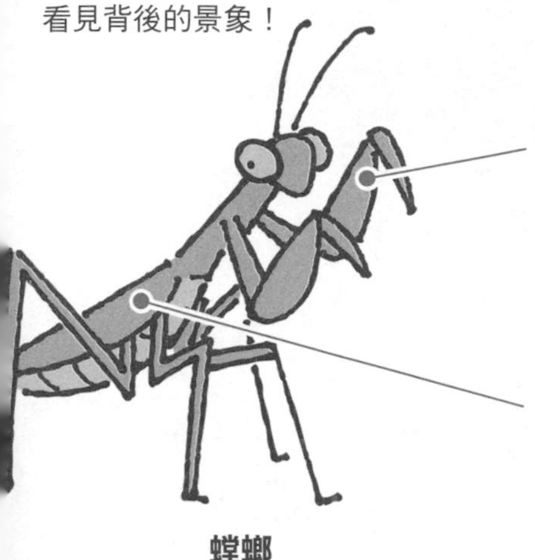

鐮刀般的前足

螳螂不會立刻撲向獵物，而是先慢慢靠近，再快速伸出帶尖刺的前足，將獵物抓住。

背側的翅膀

枯葉大刀螳、棕靜螳等都能夠張開翅膀短暫飛行。

螳螂

美麗的翅膀

古代的日本人認為吉丁蟲的翅膀很吉利，因此寺院裡有些佛龕是用吉丁蟲的翅膀當作裝飾品呢。

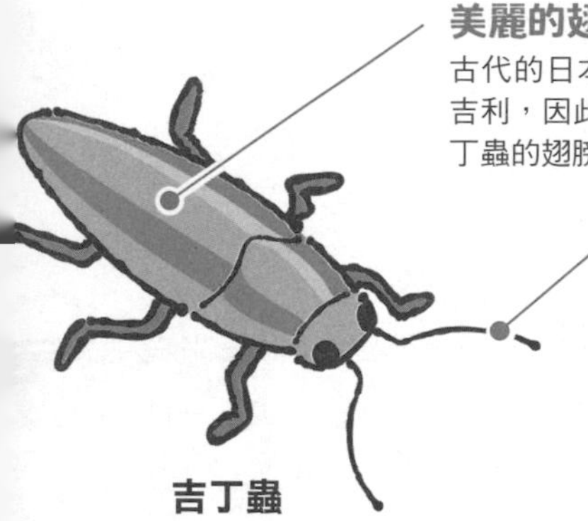

嗅覺非常靈敏的觸角

松黑木吉丁蟲會在燒焦的木頭上產卵。發生森林大火時，牠從很遠的地方就能聞到焦味，長途跋涉跑來產卵。

吉丁蟲

綻放著美麗寶石光輝的昆蟲！為什麼牠擁有如此閃耀動人的光澤？

有些吉丁蟲身上有著閃亮的顏色，是因為在身體表面有很小的凹凸，會讓光線隨著看的角度產生變化，形成叫做「結構色」的色彩。某些吉丁蟲的結構色具有鏡子般的效果，能夠讓自己披上周遭環境的顏色，讓天敵鳥類認不出「這是一隻蟲」。

看起來很笨重的身體，卻有令人驚訝的跳躍力！

蝗蟲的跳躍高度是體長的好幾倍，這麼強大的跳躍能力，關鍵就在牠的後腳關節中，有著橡皮筋般強韌有彈性的「肢節彈性蛋白」。

會變化的身體顏色

當蝗蟲單獨或小群行動的時候，身體會呈現綠色。但當蝗蟲一大群一起在暗處生活、移動，身體則會轉變為棕或黑色。

肚子上的氣門

昆蟲的表皮通常會有呼吸用的小孔，稱為「氣門」。蝗蟲的氣門在胸、腹部的側邊。

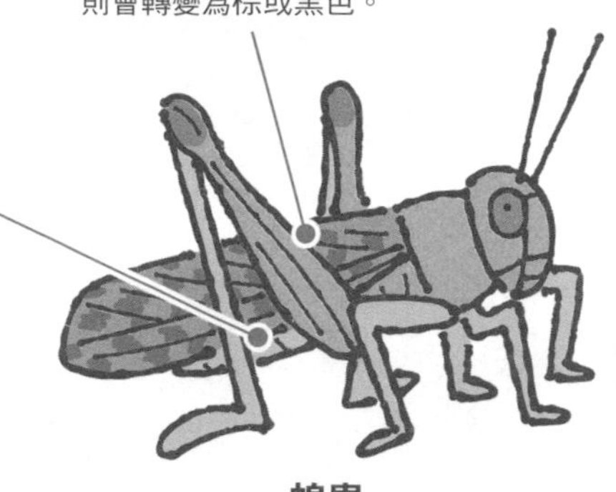

蝗蟲

蝴蝶能看見人類看不見的顏色！

蝴蝶的眼睛很敏銳，能夠看見人類或其他昆蟲看不見的顏色。例如當蝴蝶在看一朵花的時候，可以藉由人類看不見的紫外線反射，來看出花蜜的位置。

翅脈

蝴蝶的翅膀上有翅脈。當蝴蝶從蛹羽化，會在翅脈中注入體液，這樣翅膀就會張開。

鳳蝶

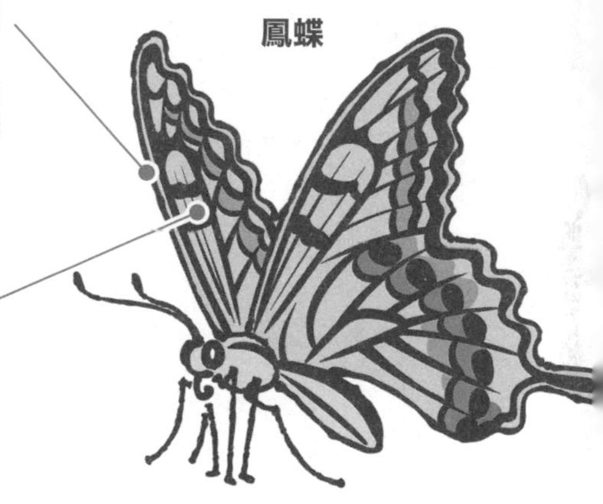

翅膀上的鱗粉

蝴蝶翅膀上布滿粉末狀的鱗片，除了可以避免翅膀被雨淋溼，還可以透過排列與精細的結構，來減少飛行時的空氣阻力。

昆蟲之王獨角仙的心臟在哪裡？

獨角仙可說是人見人愛的昆蟲，牠那強壯又帥氣的外表讓牠大受歡迎。除此之外，獨角仙還有很多迷人之處，例如堅硬又有光澤的翅膀，以及能緊緊抓住樹幹的銳利爪子等。

問題來了，獨角仙身上最重要的部位在哪裡呢？答案就是名為「背管」的細長管子。這條管子就像心臟，協助昆蟲將透明的體內液體運送到全身，供應身體氧氣與養分並帶走廢物。

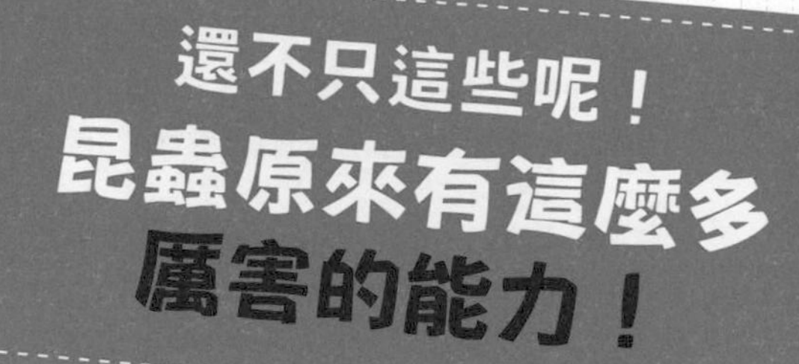

由許多眼睛聚集而成！

複眼好厲害！

昆蟲主要的視覺來自複眼，這種眼睛通常由數千到數萬個小眼聚集而成，因此昆蟲眼中的世界非常寬廣。不同昆蟲的複眼大小、小眼組成數量也不太一樣。

▶**蜻蜓**在飛行時，能夠隨時利用複眼的上半部來看遠方的太陽，辨別方位；同時也會用複眼的下半部來尋找近處的獵物。

到處都有同伴的祕密！

飛行好厲害！

有學者認為昆蟲能如此繁盛，是因為牠們擁有很強大的飛行能力。只要飛上天，就不容易被敵人抓到，而且也能飛到遠方，尋找更好的生活環境。這是一種非常高明的生存戰略。

超強的！

▶**蠼螋**能夠將巨大的後翅完全收進身體裡！平常後翅巧妙的折疊起來，飛行的時候則會把後翅展開並固定住。

到底是用哪個部位來聞呢？

嗅覺好厲害！

有很多昆蟲會被花蜜吸引，對吧？但是昆蟲並沒有鼻子。相信聰明的你應該已經猜出來了。沒錯，昆蟲用來偵測氣味的器官就是觸角。

超強的！

▶**螞蟻**在遇上其他的螞蟻時，會用頭上的觸角互相碰觸。牠們判斷對方是不是同伴的方式並不是靠外觀，而是靠聞味道。

▶**蜜蜂**的觸角上有成千上萬根能分辨氣味的「感覺毛」。牠們除了能夠聞到花香，還能夠分辨出同伴的氣味，藉此找到回家的路。

第1章 動物

超強的跳躍力！

\ 腳好厲害！ /

還有一個重要部位不能忘記，那就是支撐著昆蟲身體的腳。現代的昆蟲都是6隻腳，但是在古代，昆蟲的節肢動物祖先其實和蜈蚣一樣有很多隻腳。這些腳經過漫長的演化，後來變成了觸角、下顎等構造。

超強的！

▶跳蚤的跳躍能力非常強大。牠們有著發達的後腿，跳躍的高度可達體長的150倍。以人類的身高來比喻，就像是人跳到高樓大廈的屋頂上。

▶水黽可以浮在水面上！因為牠們的腳底有許多細微的毛髮，能夠把水排開。再加上水有表面張力，就可以讓牠們的身體安定的停在水面。

mission 02

仔細聆聽蟲鳴聲，把會叫的昆蟲找出來吧！

難易度：LEVEL 1 LEVEL 2 LEVEL 3

達成就塗滿它：MISSION CLEAR

說起會鳴叫的昆蟲，大家首先想到的應該都是蟬吧？你或許知道常聽到的蟬叫聲是「唧——唧——」，但可能不曉得只有雄蟬才會叫，而且蟬的叫聲不只一種。當然不同種類的蟬，叫聲不一樣，但就算是相同的蟬，叫聲也會隨著目的而改變。有的叫聲是為了呼喚遠方的雌蟬，有的叫聲是為了引誘近處的雌蟬，還有一些叫聲是遭到敵人攻擊時的「慘叫」；如果附近有其他的雄蟬，還有可能會發出連續而短促的鳴叫聲，阻撓對方求偶。

除了蟬之外，其他會發出聲音的昆蟲還有非常多種。例如會發短促音「唧唧唧」的蟋蟀、聲音像古早織布機的螽斯，以及叫聲像鈴聲的鈴蟲。仔細聆聽牠們的聲音，想像一下牠們鳴叫的理由吧！

☑ 如果在樹幹上看到「蟬蛻」，附近就很有機會看到蟬。
☑ 靠近草叢仔細聆聽，經常能夠聽見各種蟲鳴聲。

mission

03

幫助你達成任務

提示 Tips

- ☑ 仔細找找看樹葉、樹枝、樹幹或樹根處。
- ☑ 有些昆蟲會擬態成其他種類的動物。

難易度

達成就塗滿它

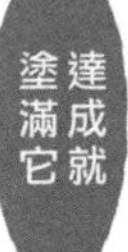

可能會在這些地方出現！

千萬不要小看昆蟲的變身能力！牠們有可能裝扮成其他模樣，躲在你意想不到的地方！

「擬態」是昆蟲模仿另一種生物，降低天敵攻擊的現象；「偽裝」則是讓自己看起來像是背景環境中的東西。「擬態」這個詞看起來有點陌生，簡單來說「擬」是模仿的意思，「態」則是外貌的意思。

這次的任務，就是找出具有模仿能力的昆蟲。例如身體是綠色的蝗蟲，只要待在草叢中就不容易被發現。像這樣的昆蟲，通常會躲藏在草叢裡或樹枝上。有些昆蟲甚至會擬態成蛇的樣子，讓自己看起來很強大。快根據提示找找看，住家附近有沒有模仿高手，你一定會大吃一驚。

昆蟲怎麼藏起來了？擅長偽裝的昆蟲大集合！

許多昆蟲的外貌看起來和草葉或樹枝一模一樣。剛開始可能需要一點耐心才能找到，但掌握技巧之後，就會變得越來越容易。

找找看，這張圖裡躲藏著哪些昆蟲？

昆蟲雖然不是猛獸，卻一樣生活在弱肉強食的世界裡。環境中存在太多天敵，所以每一隻昆蟲都想盡辦法把自己藏起來、不被天敵找到。擅長「偽裝」的昆蟲，就是誕生在這樣的環境。仔細看這張圖裡總共有4隻偽裝的昆蟲，你全部都找出來了嗎？答案在P125。

原來還有這樣的模仿！

模仿其他的動物，讓自己看起來很強！

越脆弱的幼蟲，越有機會利用擬態來讓自己看起來很強，才能夠保護自己。例如有些天蛾的幼蟲看起來很像蛇的臉，枯落葉裳蛾的幼蟲在遇到天敵時，還會把頭抬起來，讓身上的斑紋看起來像眼睛瞪著對方。

最常見的基本款！與樹枝、樹葉等自然景色融為一體！

這種方法是利用顏色及形狀，讓自己融入自然環境之中。例如擅長偽裝成細長樹枝的竹節蟲、長得像魁蒿花的斑冬夜蛾幼蟲、像短樹枝的尺蠖蛾幼蟲，以及看起來和枯葉一模一樣的雙色美舟蛾。

有趣的技巧讓敵人摸不著頭緒！

很多小灰蝶的翅膀後方，有兩根看起來像是觸角的突起物。當天敵看到時會以為這一端是頭部，於是便繞到另一側，想從背後偷襲。結果這樣反而繞到真頭部的前面，讓小灰蝶能從正面看見敵人靠近，就能趕快逃走了。

昆蟲模仿能力是怎麼來的？最受到支持的說法是「演化論」！

擬態和演化沒有任何關係！一切都只是偶然的結果！

或許是長成某個樣子的昆蟲更有機會活下來，久而久之大家就都變成這樣了！

這些擅長擬態與偽裝的昆蟲，到底是從什麼時候開始，又是如何獲得了這些能力？這是許多生物專家及學者長年以來爭論不休的議題。

如果沒有天敵，昆蟲當然可以逍遙自在的過日子，不必改變自己。但是絕大部分的生物，都沒有辦法生活得這麼輕鬆愜意。在危機四伏的環境裡，即使是同物種的昆蟲，也可能偶然有一隻的身體因為突變而變得「有一點像樹葉」或是「有一點像蛇」。這些特殊的個體成功騙過敵人，存活下來，繼續繁衍子孫。當這樣的狀況不斷重複，昆蟲身上的DNA也逐漸改變，最後就獲得了擬態與偽裝的能力。像這樣的「演化論」是最常見的說法。

可不是只會模仿而已！昆蟲的其他聰明防身法

與自然環境融為一體，或是變身成其他動物，是昆蟲帥氣的看家本領之一。但除了像這樣的模仿之外，昆蟲還懂得其他五花八門的生存戰略來保護自己。例如以下這些方法。

首先來看看比較和平的生存戰略：蚜蟲為了不讓自己遭受瓢蟲攻擊，會跟螞蟻互相合作；蚜蟲提供美味的汁液給螞蟻，螞蟻則負責保護蚜蟲。

除此之外，還有一感應到危險就會釋放出惡臭的椿象，雖然這麼做很容易被討厭，但牠們也是為了保護自己。據說敵人只要聞了一次椿象的臭氣，從此就不會再攻擊相同種類的椿象。這麼多保護自己的手法，你覺得哪一種最聰明？

釋放出臭氣或有毒氣體

除了一摸就會沾染噁心氣味的椿象，鳳蝶幼蟲也會在受到威脅時，從頭後方伸出散發惡臭的臭角。此外，還有一類放屁蟲，會在被攻擊時噴出高達100°C的毒氣！

讓其他昆蟲保護自己

螞蟻最喜歡喝蚜蟲屁股流出來的汁液。「如果蚜蟲被殺死的話，以後就喝不到這麼美味的汁液了。」因此螞蟻會保護蚜蟲。除了蚜蟲之外，灰蝶的幼蟲也會分泌蜜露來獲得螞蟻的保護。

昆蟲還會這樣保護自己！

躲在植物裡面

植物的枝葉上常會長出一顆顆怪東西，那通常是植物組織受細菌或昆蟲等刺激變形而成的「植物癭」。若是昆蟲造成的，就叫做「蟲癭」：昆蟲在枝葉裡產卵，導致植物長出蟲癭，幼蟲就能在蟲癭中長大。

集合在一起度過寒冬

每到冬天，瓢蟲就會聚集起來，躲在枯葉裡或樹洞中，也可能躲進人類的屋子裡。一大群擠在一起，就比較不會冷了。

利用身體部位反擊

蜂類通常是在巢穴遭受威脅時，才會以毒針攻擊天敵。毒針是牠們保護自己的武器，當毒針刺進天敵的表皮中，還會散發出費洛蒙（一類生物釋放至體外的化學物質），吸引更多同伴前來助陣。

假裝自己死掉

獨角仙這類的甲蟲會在遭遇危險時把腳縮起來，停止所有動作，假裝自己死掉。有時牠們還會仰天倒下，讓自己摔進草叢裡，就這麼躲著不動。

mission 04

觀察樹葉上的蟲咬痕跡，推測那是什麼昆蟲

提示

幫助你達成任務

- ☑ 樹葉被咬的痕跡有很多種，有些是中間破洞，有些是邊緣被吃掉了。
- ☑ 有些被咬過的痕跡會變成白色。
- ☑ 有些昆蟲還會吃果實。

Tips

LEVEL 1 ★ LEVEL 2 ★ LEVEL 3 ★ 難易度

達成就塗滿它

可能會有像這樣的咬痕！

把自己當成推理小說裡的偵探，猜猜看吃掉樹葉的犯人是誰吧！

被蟲咬過的破洞樹葉，是找出昆蟲的絕佳線索。這樣的樹葉代表附近一帶曾有昆蟲造訪。如果仔細尋找，或許還會找到正在進食中的昆蟲呢。昆蟲咬過的痕跡稱作「食痕」，每種昆蟲喜歡吃的樹葉都不一樣，啃咬的方式也不相同。如果你光是看食痕就能判斷出昆蟲的種類，那表示你已經是位相當厲害的昆蟲專家了。

公園、山坡旁經常看到的野桐，是很容易找到食痕的植物。有些昆蟲會在葉片的周圍咬出鋸齒狀的痕跡；有些昆蟲則只會咬葉脈等葉子上比較硬的部分；甚至有些昆蟲會在樹葉上挖洞，然後把卵藏在裡頭。

洞的形狀有好多種 這到底是什麼昆蟲咬的？

仔細觀察樹葉，經常會發現一些昆蟲的咬痕。乍看之下是大同小異的孔洞，其實裡面隱藏著許多線索。

這是誰的食痕？

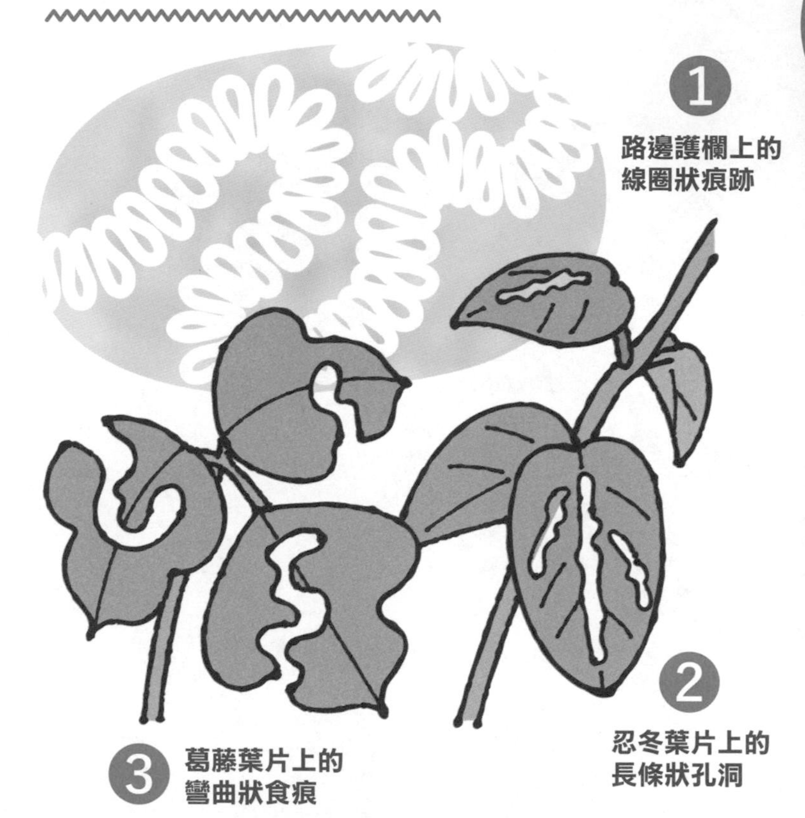

奇妙又有趣的食痕祕密

幼蟲的避風港

有些葉子的一部分變白了，甚至有點透明。仔細觀察看看，裡面或許就躲藏著蛾或潛蠅的幼蟲。有些昆蟲不僅會吃葉子，還會把葉子當成幼蟲的避風港。

排列像斑馬線的食痕

赤竹、箣竹、芒草之類的植物葉子上偶爾能看見一直排的線狀孔洞，這很可能是蛾類幼蟲或象鼻蟲咬出來的食痕。

果實也是食物

果實上也可能殘留食痕。尤其是橡實，更是許多昆蟲眼中的美食。許多種類的象鼻蟲都會在橡實裡產卵，讓幼蟲吃橡實長大。

從DNA驗出昆蟲的種類

日本京都大學與神戶大學的研究人員證實，利用從食痕上找到的DNA，可以進一步確認那是什麼昆蟲。這項新技術能運用在昆蟲生態調查，幫助保護瀕危物種。

原來是牠吃飯的痕跡！

許多人就算看見了❶，也不會發現那是食痕。事實上那是蝸牛為了吃護欄上的綠藻、藍綠菌，而啃出的痕跡。至於❷，則是偽蘋果天牛的食痕。這種昆蟲會沿著葉脈的部位吃，留下明顯的細長條孔洞。對了，偽蘋果天牛是天牛的一種，這類昆蟲的特徵是強而有力的下顎。❸那個歪來歪去的孔洞，則是葛藤矮吉丁蟲的食痕。葛藤矮吉丁蟲是一種小型的吉丁蟲，喜歡吃葛藤的樹葉，會從樹葉的外側往中心的方向，咬出繞來繞去的彎曲狀痕跡。

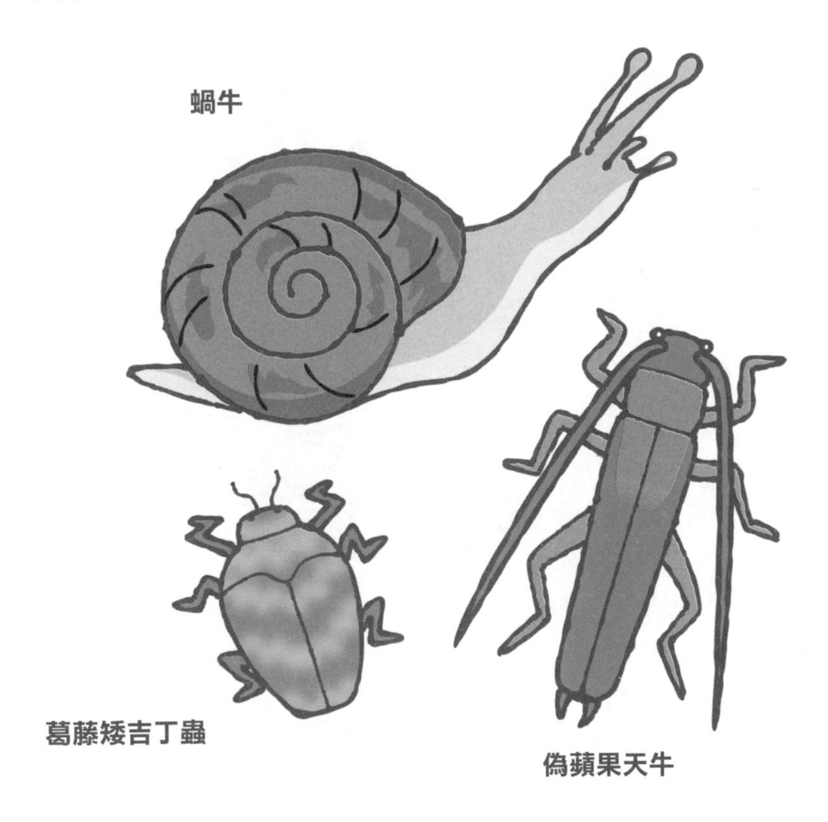

除了這些，還有許多有趣的食痕！

筆直的、彎曲的、網狀的……昆蟲的食痕有各式各樣的形狀。擬丘切葉蜂會將葛藤葉片切割成半圓形，並把超過100枚葉片帶回去築巢。此外，茶毒蛾的幼蟲會將葉子邊緣細緻的咬成像蕾絲花邊。從食痕可以看出不同的昆蟲也是有自己的風格呢！

編按：臺灣與日本因緯度、環境不同，分布的動植物也會不太一樣，這本書介紹的大多是臺灣也能看到的生物，請在住家附近找找看是不是有相似特性的昆蟲喔！

我想要深入瞭解！

昆蟲的各種神奇習性

知道的越多，越是感受到昆蟲世界的深奧。昆蟲擁有著人類絕對不可能做到的各種神奇能力，以下將進一步介紹這些厲害妙招。

有些昆蟲會住在其他動物的巢穴裡！

有些昆蟲會住在其他動物搭建好的巢穴裡，過著不勞而獲的生活。住在螞蟻巢穴裡的蟻蟋和虻的幼蟲，就是最好的例子。不過，虻的幼蟲在羽化之後，就會被螞蟻們識破，所以幼蟲總是趁著螞蟻們最忙碌的上午趕緊羽化，逃出螞蟻的巢穴。

此外還有一種名叫褐鏽花金龜的昆蟲，會故意把卵產在鷲、鷹等猛禽的巢裡。孵化出來的幼蟲會吃巢穴本身的材料或雛鳥沒吃完的肉屑維生。

冬天很少看見昆蟲，牠們都跑去哪裡了？

跟春、夏、秋比起來，冬天很少看見昆蟲，對吧？昆蟲的壽命很短，許多昆蟲在冬天到來之前就會死亡，但也有一些昆蟲能夠存活下來，並且以各自的方法度過寒冬。例如瓢蟲會聚集一大群同伴，躲在樹幹或枯葉的底下，靜靜等待春天到來，有時數量甚至可以多達數百隻。

椿象則是會躲進人類的屋舍閣樓或學校建築等溫暖的地點，熬過寒冷的冬天。

螳螂會將卵包在泡沫狀的物質裡頭，幫助卵抵禦乾燥和溫差；鍬形蟲則是會躲進樹幹裡……每一種昆蟲都想盡各種辦法，努力在寒冬中存活下來。

昆蟲也會被迫搬家？有些昆蟲的棲息地每年都在改變！

有些昆蟲會從原本的棲息地，遷移到更加涼爽、適合居住的地區。有學者認為這是受到全球暖化的影響。例如原本棲息在日本的四國及九州地區的小青銅金龜，大老遠飛往東北方的關東地區，甚至還趕走原本棲息在關東的古銅異麗金龜。

又例如斐豹蛺蝶，原本棲息在日本的西側，但是後來漸漸往氣溫較低的東側移動，一九九〇年代出現在東邊一點的本州中部地區，到了二〇〇〇年代，就出現在更東邊的關東地區了。當你發現一隻昆蟲時，可以試著調查看看牠的棲息地，搞不好會發現牠是從外地來的，還能知道牠出現在這裡的原因呢。

mission 05 昆蟲也需要休息！找出可能在睡覺的昆蟲吧！

昆蟲和人類或其他動物相比，有一個不同的特點，就是很少人見過昆蟲睡覺的模樣。或者說就算看見了，可能也不會察覺。因為昆蟲睡覺時不會閉上眼睛，很難看出是不是在睡覺。

有時我們會看見蝴蝶或蜻蜓停或倒掛在草葉上不動，什麼事也沒做，那很有可能就是正在睡覺。最好的證據，就是你靠近牠也不會有反應。獨角仙及鍬形蟲大多是夜行性昆蟲，白天可能會鑽進土裡或枯葉底下睡覺。把牠們從土裡挖出來太可憐了，所以就仔細觀察停在草葉上靜止不動的蝴蝶吧。

☑ 白天活動的蝴蝶，通常會在晚上睡覺。
☑ 蜻蜓就算是垂掛在草、葉或樹枝的下方也能睡覺。

mission 06

製作鳥巢箱及飼料臺，吸引鳥類上門吧！

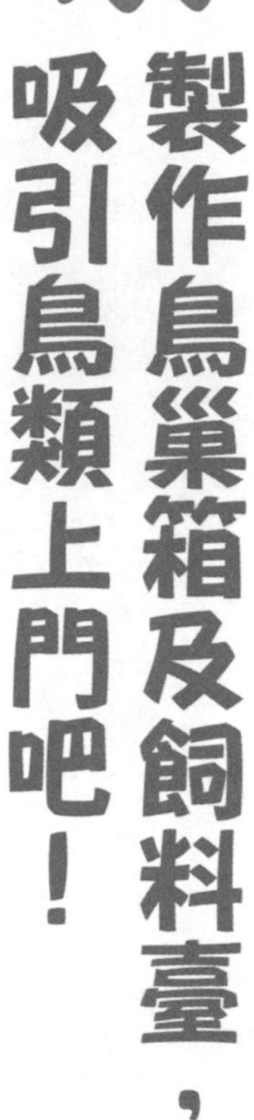

幫助你達成任務

提示 Tips

☑ 先觀察一下住家附近有什麼樣的鳥類。
☑ 鳥巢箱最好用沒有經過加工的木板來製作。
☑ 請放置在視野良好的寬廣環境裡。

可能會吸引來這些鳥類！

跟鳥類變成好朋友，是不是很酷？接下來就變身成鳥類專家吧！

這次的任務是吸引鳥上門。公園裡經常會有鴿子或麻雀，抬頭往上看，還可以看見各式各樣的鳥類在空中飛翔。試著從家裡的窗戶、陽臺或庭院仔細觀察，看看能發現什麼樣的鳥。

如果在住家附近發現了一隻鳥，那可是非常好的機會！你可以為牠製作一個鳥巢箱，讓牠長住下來，牠或許會跟你變成好朋友呢。

假如你不知道住家周圍有什麼樣的鳥類，可以先設置「飼料臺」，也就是製作一個適當的平臺，在上面放一些小米或種子等鳥類愛吃的食物，吸引鳥類上門。

編按：長期或大量餵食，可能會造成野生鳥類營養失調、帶來環境汙染，並破壞生態平衡。建議可以請教當地的野鳥協會如何適當吸引、觀察野鳥，才不會造成鳥類的負擔唷！

鳥巢箱可以吸引各式各樣的鳥類上門！

鳥類可以在鳥巢箱裡安全的產卵及養育雛鳥。
會有什麼樣的鳥光臨呢？真令人期待。

身上顏色特別豐富！

＼五色鳥／

（繁殖期：3月～8月左右）

身上有紅、黃、藍、綠、黑5種顏色的羽毛，叫聲是連續而短促的「嘓嘓嘓嘓嘓」聲。會用鳥喙在樹幹上鑿洞築巢，常因此被誤認為啄木鳥。

最炯炯有神的眼睛！

＼斯氏繡眼／

（繁殖期：4月～7月左右）

特徵是眼睛的周圍環繞著一圈白毛。雄鳥在求偶的時候會甩動頭部，讓眼睛周圍的白毛反射陽光，看起來更加耀眼。

跳來跳去的模樣好可愛！

＼麻雀／

（繁殖期：3月～8月左右）

雖然有些膽小，但是很喜歡生活在住宅區附近，因為當遇上猛禽類天敵時較容易找到地方躲藏。食物是昆蟲、花蜜及稻米。

此外還可能出現以下這些鳥類

- **領角鴞**……在校園、公園也有機會看到的中小型貓頭鷹。春、夏天的晚上，經常能聽見牠「勿嗚——勿嗚——」的叫聲。頭上有一對彷彿耳朵的羽毛。
- **白尾八哥**….最近幾年在都市越來越常見的外來種鳥類，牠們有全身黑色的羽毛，常成群聚在草地上，用黃色的鳥喙吃著昆蟲、種子與果實。

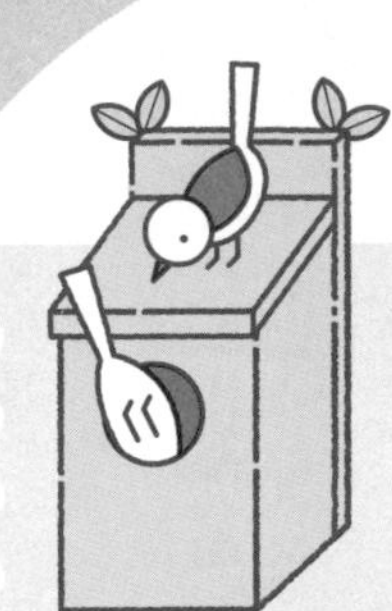

一定要找大人一起製作喔！

〈鳥巢箱的規格和高度〉

領角鴞篇

鳥巢箱的造型很多種，製作上從簡單到難都有。
這裡介紹的是較簡單的單片屋頂型鳥巢箱。

〈鳥巢箱的規格和高度〉
- 巢穴孔洞大小：寬約8.5公分
- 從箱底到孔洞頂部的距離：30公分
- 放置的地點：離地面約2公尺以上的高處
- 箱體的尺寸：高約32公分，箱底的長寬各約為35、30公分

〈材料及工具〉
- 杉木板（厚約0.5公分以上）
- 鐵鎚及釘子（也可以使用白膠）

1. 需要的板子總共有6片，分別為正面的前板、蓋在上面的屋頂板、2片側板、底板及狹長狀的背板。依照箱體尺寸準備好全部的板子之後，先用電鑽在前板上鑽洞。
2. 用釘子將2片側板及挖了洞的前板釘在一起，並固定在背板上。使用白膠也可以。
3. 用同樣的方式，使用釘子或白膠固定底板。為了避免箱內積水，建議在底板的角落鑽4到6個直徑為1公分的小洞。
4. 最後裝上屋頂板就完成了。記得也在背板的上半部鑽個小洞，設置鳥巢箱時可以讓繩子從小洞中穿過，會比較方便。

- 設置鳥巢箱之前，一定要先確認那個地方准許裝設。
- 樹幹上最好裝設防蛇片，也就是用比較光滑的板子（例如塑膠片）像雨傘一樣環繞樹幹一圈，防止蛇爬過去。

這些是常見的鳥類天敵們

- 蛇類
- 松鼠（會攻擊雛鳥）
- 猛禽或大型鳥類
- 貓

挑選設置地點的重點

- 最好是自家庭院、附近公園或校園的樹上，如果住家附近有小山坡也可以。
- 雖然每一種鳥類的習性不同，但設置的高度最好超過2公尺。建議使用梯子，或是請大人幫忙。
- 巢箱的設置時間要在繁殖期之前（每種鳥類不一樣），才更有機會被使用。

遠渡重洋來到這裡 不可思議的候鳥

所謂的候鳥，指的是會為了尋找食物或養育孩子，千里迢迢移動到另一塊土地的鳥類。像燕子、黑面琵鷺都是著名的候鳥。

像麻雀這樣一整年都待在同一個地方的鳥類，稱為「留鳥」；而如果是當環境改變時，會移動至其他土地的鳥類，則稱為「候鳥」，例如家燕、杜鵑、黑面琵鷺等。有些候鳥會在春天從炎熱的南方飛來，準備夏天在臺灣繁衍；有些候鳥則是秋天從北方飛來避冬；也有不少候鳥，是在長途遷徙的路上過境臺灣，稍微休息又繼續向北或南飛行。以家燕為例，牠們每年春天都會從南邊超過一千公里遠的印尼、菲律賓飛到臺灣覓食、孕育下一代。

候鳥在飛行時，會根據太陽及星座的位置，掌握大致方向。也有學者主張候鳥的體內有著類似指南針的機能，能夠感應到地球的磁場。除此之外，牠們還會仰賴同伴的叫聲引導。如果是去年已經長途旅行過的鳥，則可能會把陸地的形狀記下來。候鳥靠著這些方式，每年都能飛到相同地點。

還有更多！

候鳥的厲害之處！

候鳥到底什麼時候睡覺？

候鳥必須飛行相當長的時間。根據研究，候鳥能夠一邊飛行，一邊在短暫的時間裡進入熟睡狀態。邊睡覺邊飛，真是太厲害了！

候鳥能夠改變胃的大小？

小鷺鷸、鷸、鴴等鳥類在進行長程飛行之前，會縮小自己的消化器官。這麼一來，體重就會變輕，飛起來也比較省力。

有毅力！

候鳥會充滿勇氣的探索路線！

雖然有著遺傳本能、同伴陪伴、太陽及星空指引，以及地球磁場輔助等方式來協助判斷方向，但科學家發現年輕的候鳥還是會花上更多時間、經歷來嘗試新路線，經過一段學習過程才會漸漸固定遷移的路徑。還真是充滿好奇與勇氣啊的「年輕鳥」啊！！

mission 07

什麼時期能夠看見候鳥？找找看吧！

候鳥每年都會以那小小的身體，從遙遠的國家飛來。這樣的距離就算是人類搭飛機，也要花上好幾個小時吧。在你家的附近，有沒有像這樣的候鳥？想要找到候鳥，挑選時機是重要關鍵。

中低海拔較常見的家燕會在5到7月出現，杜鵑鳥則是3到9月都看得到。如果要看黑面琵鷺，則必須選擇秋冬時節，牠們會在大約9或10月飛來過冬，3到5月陸續離開臺灣。而且你得前往曾文溪出海口的溼地，才較容易找到牠們。

另外候鳥也有可能變成留鳥。像花嘴鴨雖然是秋冬到來的候鳥，近幾年也有部分留在臺灣成為留鳥，在宜蘭、花東等都有繁殖紀錄。至於同樣在河湖常見、長大之後公鴨頭部會變成綠色的綠頭鴨，也有部分從冬候鳥變成留鳥，早期甚至會被農家馴養成家禽。

☑ 候鳥還分為春天來的「夏候鳥」、秋天來的「冬候鳥」，以及過境鳥。

☑ 查查看，住家附近有沒有候鳥固定會停留的「候鳥棲息地」。

mission 08

雖然很小，但是很帥氣！找出石龍子或草蜥等蜥蜴吧！

幫助你達成任務

提示

- ☑ 牠們經常會待在岩石上曬太陽。
- ☑ 可以嘗試設下陷阱。
- ☑ 有的物種抓尾巴會斷掉，如果要捕捉，一定要迅速抓住身體。

Tips

難易度

達成就塗滿它

可能會出現在這些地方！

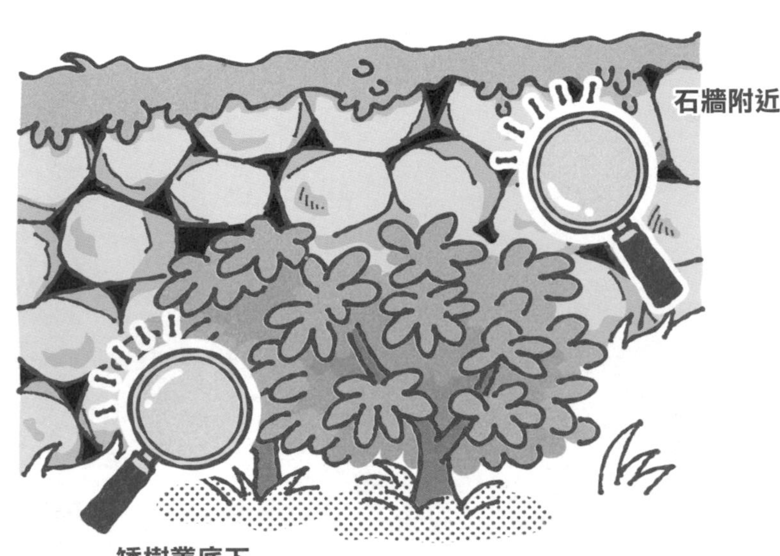

模樣有如小小的恐龍，在石牆中或樹叢下一閃而過！

你的朋友之中，有沒有喜歡抓蜥蜴的人？蜥蜴的動作非常敏捷，再加上長得有些凶惡，可能有些人看了會害怕。但如果仔細觀察，會發現牠們的眼睛其實很可愛。而且那有如縮小版恐龍的模樣，真的相當帥氣。不過別誤會，學界一般認為恐龍不是蜥蜴的祖先。

你也可以試著在住家附近尋找蜥蜴，像是身體比較大一點的石龍子、出現在樹上的攀木蜥蜴，或是身體細長的草蜥。

如果發現了蜥蜴，可以在大人陪同下，試著更近距離的觀察牠們。當然如果願意好好照顧的話，也可以試著飼養看看。

雖然體型嬌小，求生能力卻是高人一等！蜥蜴的身體原來長這樣！

蜥蜴因為外表帥氣的關係，可是很受歡迎呢。而且蜥蜴的求生能力非常強，有些種類能故意讓尾巴斷掉，有些則能改變身體的顏色。蜥蜴的身體到底藏著哪些祕密？

尾巴

遭受攻擊時，有些蜥蜴會切斷尾巴逃走。斷掉的尾巴會留在原地持續扭動，吸引敵人的注意。

鱗片

光滑又堅硬的鱗片，是由角蛋白組成，成分和人類的頭髮或指甲相同，能夠保護皮膚。

腳

長在身體的側邊。以4隻腳前進，同時身體還會扭動。

尋找蜥蜴的方法

蜥蜴都躲在什麼樣的地方？

要找出蜥蜴的棲息地點，只要想想看蜥蜴都吃些什麼就行了。蜥蜴的主食是蟋蟀、蚱蜢等小型昆蟲及蚯蚓。可以仔細觀察樹叢或草叢，如果能在住家附近或是公園、校園找到這些動物，就很可能有蜥蜴出沒。

試著使用陷阱

有些人會搖一搖身旁的枝葉，把蜥蜴驅趕到空曠的地方，再用手抓起來。這麼做很容易因動作太用力而讓蜥蜴受傷。所以建議使用寶特瓶之類的容器當成陷阱，並放置蜥蜴的食物如蟋蟀，擺在牠的出沒地點等一陣子，或許蜥蜴就自己跑進去了。請記得觀察完畢最好還是讓牠回歸自然較好喔！

蜥蜴除了跑得快，還有這些厲害的地方！

耳孔

頭部側邊的小洞相當於蜥蜴的耳朵。聽力非常好，能夠迅速察覺危險。

眼睛

眨眼睛的時候，會將下面的第三眼皮（也稱為「瞬膜」）往上抬。第三眼皮非常薄，就算是閉上眼睛的狀態，也能看得見周圍的景象。

喉嚨

有的雄蜥蜴喉部顏色較鮮豔。像日本石龍子，每年到了繁殖期，雄性為了求偶，喉嚨甚至會變成亮麗的橘紅色。

\ 蜥蜴的這一點好厲害！ /

尾巴斷掉並不會流血？

超強的！

蜥蜴的尾巴是由許多小骨頭串聯起來的，有些蜥蜴可以靠著肌肉的動作故意讓尾巴斷掉。尾巴一斷掉，傷口附近的肌肉也會跟著收縮，把血管封住，所以不會流血。

地球上的蜥蜴種類有超過5800種！

蜥蜴的種類是爬蟲類裡頭最多的，有超過5800種！世界上有很多非常神奇的蜥蜴，例如像蛇一樣沒有腳的蛇蜥，以及能夠潛入水中的安樂蜥等。

石龍子跟草蜥哪裡不一樣？

我們已經知道蜥蜴的身體有多麼厲害了。接下來讓我們比較看看長得很像的石龍子跟草蜥，兩類動物有什麼不一樣？

石龍子	草蜥
鱗片帶有光澤。	鱗片看起來較粗糙。
尾巴約占身體長度一半。	尾巴約占身體長度70%。
能夠鑽進土裡。	不會鑽進土裡。
晚上會在石縫間睡覺。	晚上會在枝葉末端睡覺。

mission 09 除了蜥蜴以外，爬蟲類還有哪些種類？一起來找找看吧！

爬蟲類是一類會在陸地上產下帶殼的卵，或直接生下寶寶的動物。蜥蜴在爬蟲類中，和蛇一樣屬於「有鱗目」。除此之外，爬蟲類中還有鱷魚、烏龜與鱉，以及據說從恐龍時代就存活至今的喙頭蜥等類群。喙頭蜥只棲息在紐西蘭的島嶼上，恐怕並不容易親眼看見，但如果住家附近有河川的話，或許能夠找到烏龜。就算最後你只看得到海龜，或是只能到動物園看鱷魚，也算是達成任務了。

- ☑ 密西西比紅耳龜（又名巴西龜），通常棲息在水流平穩的河川、湖泊地區。
- ☑ 身上布滿細小鱗片的壁虎，也是蜥蜴的一員喔！

知道的越多，越覺得奧妙好玩

爬蟲類魅力無窮。以下介紹一些珍奇物種，以及爬蟲類的有趣生態。

小知識 1 鱷魚雖然很凶狠，但其實是最棒的父母！

大多數的爬蟲類會在產下後代後置之不理，然而鱷魚卻會積極養育孩子。牠們會幫助小鱷魚突破蛋殼，並把剛孵化的鱷魚寶寶啣進自己的嘴裡，帶到河邊。如果看見幼小的鱷魚遭敵人攻擊，就算那不是自己的孩子，鱷魚也會出手相救。

小知識 2 蛇能夠用舌頭嗅出氣味

蛇的鼻子主要只負責呼吸，舌頭才是負責聞氣味的器官。牠們經常吐出舌頭，這樣可以接觸空氣中的氣味分子，並辨別氣味。蛇的舌尖有分叉，可以用來確認氣味來自哪個方向。

小知識 3 隱藏著2億年祕密的喙頭蜥

喙頭蜥是一種外觀很像鬣蜥的爬蟲類。在恐龍還活著的2億年前，喙頭蜥就在地球上生存了，牠本來有非常多的同伴，但後來那些同伴幾乎都滅絕了，如今只剩下一種還存活在紐西蘭的小島上。喙頭蜥的身體構造在這2億年之間幾乎沒有改變。

在某座和平的島上，烏龜變得越來越巨大！

加拉巴哥群島上棲息著全世界最大的陸龜，體重超過300公斤！據說這些島嶼自古以來不曾與陸地連接，陸龜是隨著漂流的木頭來到了這些島嶼。由於島上絕大部分的動物都是爬蟲類及鳥類，幾乎沒有以獵食維生的哺乳類，陸龜們過著非常安全的生活，所以體型越來越巨大。

岩石海岸中藏著許多有趣的生物

河川、海岸、湖泊之類的水岸邊，棲息著形形色色的生物。尤其是接近海岸線的岩石堆，更是有趣生物的寶庫。如果你靠近積滿海水的岩石凹陷處，翻開裡面的石頭，會看見隨著大海漲潮、退潮進來的海星、螃蟹、海葵等生物。而且仔細觀察水裡，可能會發現形狀奇妙又可愛的海蛞蝓或海兔。在同一個地點可以看見這麼多奇妙的生物，絕對有走一遭的價值！

不過在岩石海岸也可能會遇上一些危險的生物，一定要謹慎小心。例如在淺灘礁石上有時會出現花紋跟石頭很像、頭刺刺的鮋ㄧㄡˊ亞目魚類，俗稱「石頭魚」。這類型的魚在背鰭、腹鰭和臀鰭都有毒刺，被刺到會非常疼痛，還可能會呼吸困難。除此之外，礁岩洞穴裡或許還會躲藏著帶有尖牙的鯙ㄔㄨㄣˊ或有毒的海蛇。

所以在岩石海岸遊玩的時候，一定要注意安全。最好帶著厚厚的工作手套或是網子，並穿上適合在海邊行走的鞋子，才不容易受傷喔。

第2章

植物

植物是地球上不可或缺的重要生物。雖然它們不會自主快速移動，卻擁有更多神奇的能力。現在就讓我們一起尋找植物的驚人祕密吧！

mission 10

有的聞起來甘甜，有的清爽，找出帶有香氣的植物！

幫助你達成任務 提示 Tips

☑ 昆蟲也很喜歡花香！

☑ 顏色鮮豔的花朵，也可聞聞看它的氣味。

☑ 不只是花朵，就連葉子也有香氣。

難易度

MISSION CLEAR

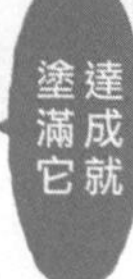
達成就塗滿它

可能會聞到以下這些味道！

其實在這些芬芳香氣裡頭，隱藏著植物的生存戰略！

你是否曾經走在路上，突然聞到一陣芬芳香氣？那或許就是某一戶人家栽種的植物開花了。春天有可能是百合，夏天有可能是梔子花，秋天有可能是桂花。

這次的任務，就是澈底運用你的嗅覺，找出散發著香氣的花草。你知道嗎？其實植物的香氣，隱藏著防禦或是繁殖這樣的驚人戰略意義。試著回想看看，在你的生活周遭，有什麼地方生長著許多花草？可能是自家的庭院、公園或道路旁。到那裡走一走，找出你最喜歡的植物吧。

植物才是地球的真正統治者？找出植物氣味隱藏的祕密！

地球上總重量最多的生物，不是人類也不是其他動物，而是植物。為什麼植物能夠大量繁殖？它們的生存戰略其實就隱藏在氣味之中。

祕密1 散發出昆蟲喜歡的氣味，讓昆蟲幫忙散播花粉

植物散發出花香的最大目的，就是吸引昆蟲靠近，讓昆蟲幫忙散播花粉。當昆蟲停留在散發著甜美香氣的花朵上，身體就會沾上雄蕊的花粉。接下來這隻昆蟲如果停留在另一株相同植物的花上，花粉就會沾在雌蕊上，胚珠也會隨之發育成種子。

祕密2 散發出昆蟲討厭的氣味，讓昆蟲不敢靠近

柑橘、樟樹、除蟲菊這類植物可以製作成驅蚊劑，正是因為它們會散發出昆蟲討厭的氣味，不讓昆蟲靠近。這是這些植物保護自己的方法。

被氣味吸引的授粉者，與被外觀吸引的授粉者

「授粉者」是指協助搬運花粉的生物。像蛾這類的昆蟲是被花朵的氣味吸引；蝴蝶跟蜜蜂的視力很好，會被花朵的顏色所吸引而協助傳播花粉。

祕密3 遭遇危險情況，向同伴提出警告

番茄的葉子在遭受害蟲啃咬的時候，會散發出特定的氣味，向附近的番茄同伴提出警告。其他株的番茄接收到那個氣味，葉子就會發生變化，變成昆蟲不喜歡吃的味道。

花朵與昆蟲的絕配

這些都是最佳配對！

梔子花 ⟷ 大透翅天蛾

- P50畫的就是這組配對。大透翅天蛾成蟲長得有點像蜜蜂，會幫忙梔子花授粉。

王瓜 ⟷ 天蛾

- 看起來像蕾絲一樣的王瓜花朵會散發出芬芳香氣，吸引天蛾成蟲上門。

海州常山 ⟷ 鳳蝶

- 海州常山的花朵會散發出香氣。鳳蝶除了擅長分辨花朵的顏色及形狀之外，也能夠以觸角聞出花蜜氣味。

植物能夠用氣味召喚超強保鑣？

除了前面提到的這些戰術之外，植物還能夠用氣味呼喚最強的幫手呢！

皇帝豆的聰明保命術

植食性的二斑葉蟎最喜歡吃皇帝豆的葉子。但是當皇帝豆發現自己正遭受二斑葉蟎攻擊時，就會散發出一種氣味，這種氣味會吸引肉食性的智利小植綏蟎，而這種蟎正是二斑葉蟎的天敵。被吸引過來的智利小植綏蟎，會把二斑葉蟎吃掉，就像是被皇帝豆召喚來的保鑣。

療癒人心及殺菌的效果

森林裡的芬芳香氣療癒又宜人，這是因為樹木釋放出的芬多精的緣故。這類物質還具有殺菌效果。當樹木受到傷害時，傷口就會釋出這類物質，以避免細菌從傷口侵入。

如果植物感覺到安全，氣味就會變淡？

植物散發出的某些氣味，是為了保護自己。因此像是香草類的植物如果給予大量的水和養分，並且細心保護的話，植物在安穩的環境下，氣味就會比野生的同類薄弱得多。

植物的高明生存戰略

植物是騙人的天才？不給花蜜卻要昆蟲幫忙運送花粉

梅花草的花帶有「假的」蜜腺，能讓昆蟲以為那是真的蜜腺而停在上面並沾上花粉。在這種花的深處，其實有真的花蜜，但因為相當珍貴，所以不會輕易讓昆蟲吃到。

釋放出臭氣味，利用蕈蚋來授粉

細齒南星會釋放惡臭，吸引想要在腐臭物產卵的蕈蚋。蕈蚋靠近時，容易摔進圓筒狀的葉片裡。包圍著雄花的葉片有小孔，可以讓蕈蚋離開；但包圍雌花的葉片沒有小孔，帶來雄花花粉的蕈蚋完成授粉工作後，就會被關在裡面無法出來！

昆蟲也不是省油的燈！只採花蜜卻不搬運花粉

有些蝴蝶擁有宛如長吸管一般的超長口器，能夠從花瓣之間吸取花蜜，卻不讓花粉沾在身上。除此之外，還有能在花上挖洞，或是能從沾有花粉的雄蕊縫隙間吸走花蜜的盜蜜昆蟲。

不要只是尋找甜甜的香味，試著找找看各式各樣的香草！

除了甜甜的花香之外，還有一些植物的氣味聞起來會讓人神清氣爽，或是帶了一點苦澀，對吧？氣味特別獨特的植物，可以當作調味料或藥材，這種植物就稱做香草。

檸檬草顧名思義，是一種氣味很像檸檬的植物。紫蘇的味道雖然獨特，卻也帶有一種清爽感。這些在香草專賣店裡都買得到，你也可以到專門培育香草的公園，就能接觸到各式各樣的香草。如果發現了特別喜歡的香草，可以試著在自家庭院裡栽種看看。在野外常常會看見艾草或食茱萸，這些也是香草。

☑ 聞聞看葉子部分的味道。

☑ 郊區山上就能發現野生的香草。

mission 12

光是想像就讓人興奮！找出種子來栽培看看！

幫助你達成任務

提示

Tips

- ☑ 大樹下是種子的寶庫！
- ☑ 觀察公園裡面的植物，看看它們的種子長在哪裡。
- ☑ 有些種子可能像蒲公英帶有冠毛，輕飄飄的飛在空中。

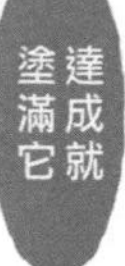

可能會長出這樣的植物！

想要獲得種子？在住家周邊及公園裡仔細找找吧！

你可能曾跟著學校課程種過蔬菜，例如番茄跟小白菜。將種子埋進土裡，不久後就會冒出可愛的芽。仔細觀察它，看著小芽慢慢成長茁壯，直到開出花朵，實在是一件相當有趣的事。

這次的任務是「尋找掉在地上的種子，試著栽種它」。但有一個條件，你不能先查找資料，看看那是什麼植物的種子。大多數的植物會利用昆蟲或風力，把種子送往遠方。仔細觀察公園或路旁，應該很有機會發現各式各樣的種子。把它撿回來，埋進土裡，然後澆水吧。或許會長出令你大吃一驚的花朵或果實呢。

隨風飛揚、彈射出去、被河水帶走……來看看種子的種類及成長過程

植物不會自己長距離移動，所以必須用各種巧妙手法才能延續後代。現在讓我們來看看有哪些方法。

蒲公英跟黃花酢漿草
種子的旅行方式
都很特別呢！

容易栽種的植物

＼在任何環境都能堅強的活下去！／

蒲公英

每年到了春天，蒲公英都會開出可愛的黃色花朵。種子帶有冠毛，能夠隨風飛舞。找找看空中或地面上，有沒有類似這樣的輕柔軟毛吧。不過種子上有冠毛的植物，可不是只有蒲公英而已。到底是不是蒲公英，要等長大之後才會知道。

＼葉子會在晚上睡覺／

黃花酢漿草

雖然黃花酢漿草一年四季都會綻放黃色小花，不過還是春季開得最旺盛。它會長出長條狀的果實，像是迷你的秋葵一樣。果實成熟後只要輕輕一碰，就會爆裂開來，將種子彈出去！

還有這樣的種子！

夏天常常會吃西瓜，對吧？其實西瓜的種子也很容易發芽。當然公園裡不太容易發現西瓜的種子，但你的家中可能就有！

隨波逐流！

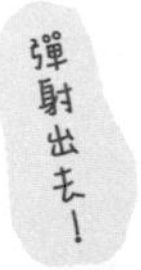

隨風飛舞，或是黏附在動物身上……
種子就是靠著這種方式到處旅行！

為了將種子送往遠方，植物可能會為種子加上柔毛，讓它可以隨風而飛；或是為種子加上尖刺，讓它可以黏在人或動物身上移動。除此之外，還可能藉由下雨的力道，將種子彈射出去。又例如薏苡（薏仁）這種植物，通常生長在溪流邊，讓河流把掉進水中的種子帶到遙遠的地方。

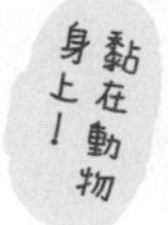

散落在地上！

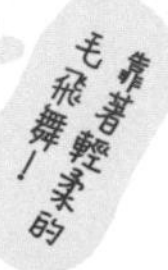

植物長大之後，會變成這樣！

住家附近的草叢、河邊或小山坡上往往能發現許多充滿魅力的植物。雖然只是小小的種子，長大之後卻擁有非常獨特的外貌。

種子長這樣！

愛心形狀的果實，裂開後會灑出大量的種子。

枯葉中有著一顆顆凹凸不平的種子！

雖然種子和蒲公英一樣有柔毛……

長大變這樣！

又名護生草！
薺菜
長在莖上的愛心狀部位是果實。果實成熟後會裂開，彈射出裡面的種子。

形狀像老鼠！
鴨跖草
特徵是一對宛如大耳朵的藍色花瓣，以及向外突出的黃色雄蕊。模樣像一隻老鼠，真的很可愛！

特徵是刺刺的頭頂！
南國小薊
會開出漂亮紫色花朵的植物，通常生長在日照良好的山坡路旁或海濱砂礫地附近。

將種子送往遠方只是最基本的而已！

還有更厲害的植物的神奇能力

植物不僅會努力長高，而且還會睡覺，說起來和人類有一點相似呢。植物的奇妙能力，可是數也數不清！

如果身旁有比較高的植物，就會開始競爭！

我要獲得更多陽光！

植物需要陽光的能量來製造養分。因此如果隔壁有一棵樹擋住了陽光，那對植物來說可是不得了的大事。遇到這種情況，植物會善加運用從根部吸收來的營養，盡量讓自己長高。

植物能夠根據泥土的溼潤狀況，找出遠方的水源！

好想要用水來滋潤身體！

植物除了能夠吸收土壤裡的水分及礦物質等營養之外，還能夠判斷出哪個方向有水源或較多的養分，將根部朝那個方向生長。

植物雖然通常不會動，
但是非常聰明呢！

不輕易放棄
希望！

失去身體的一部分也沒關係！超級強韌的再生能力！

不管是從植物的根、莖、葉的任何位置切斷，那個位置都會產生名為「癒傷組織」的細胞團。那是一種超強的細胞，能幫忙覆蓋傷口跟重新增生。莖被切掉就會長出莖，葉被切掉就會長出葉，身體的任何部位只要及時受到保護，就可以再長出來。

植物也
需要休息！

為了度過寒冬，一定要好好休眠！

植物停止成長的期間稱為「休眠」。冬天的時候，我們不是會常常看見枯樹嗎？你以為那些樹吸收不到足夠的養分，已經快要枯死了？不，植物其實是為了平安度過養分較少的寒冬，故意停止了成長。

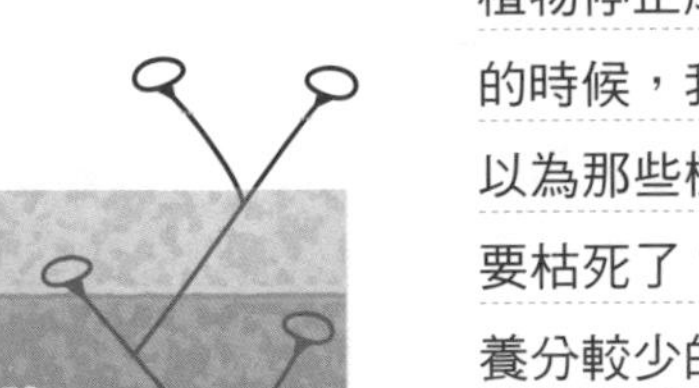

最古老的植物 頂囊蕨

頂囊蕨是目前已知最早出現在地球上的植物，古生物學家在志留紀的地層裡發現了這種植物的化石。研究推測，頂囊蕨出現的時間，大約是4億2千年前的志留紀後期。

這種植物的頂端形狀像小喇叭，高度只有數公分。可惜頂囊蕨已滅絕，如今在地球上找不到了。

我們也愛
美妙音樂。

讓植物聆聽悅耳的音樂，會成長得比較快？

這個論點從以前到現在一直有爭議。有專門製作葡萄酒的農夫聲稱，讓葡萄聽古典音樂，葡萄可以長得更快、更大且更美味。但也有學者認為，這是因為聲音會震動空氣，葡萄可能是受空氣震動影響，才促進了生長。

編按：這裡比較的是「真維管束植物」出現的時間，不包含起源更古老的苔蘚植物唷！

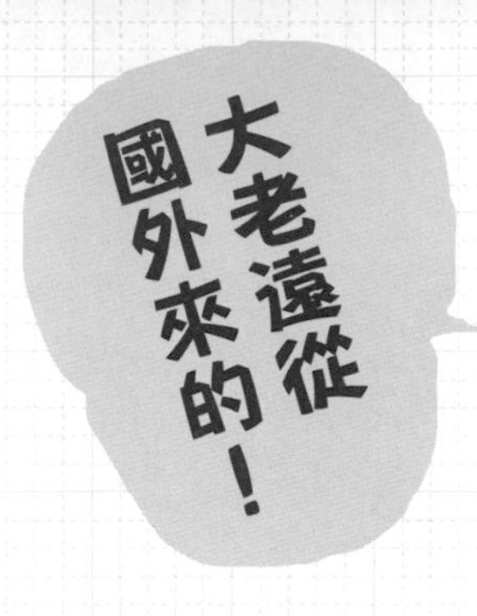

入侵種植物

所謂的入侵種，指的就是某些來自外國的植物種類，它們有著很強的生命力，會對當地植物的生態、環境等造成破壞。

有刺又有毒，
真是讓人感到麻煩的
入侵種植物！

北美刺龍葵原產於北美洲，後來在世界上很多地方都見得到。花朵呈白色或藍色，看起來很像茄子的花。它的莖部及葉片背面都有尖刺，最好不要觸碰到。

它的果實雖然看起來像是黃色的小番茄，卻帶有名為茄鹼的毒素。就算拔掉了，還是會再長出來，且會導致附近的農作物生病，幸好目前臺灣還沒有侵入紀錄。

如果植物到了另一個國家，危害到原本環境，就是入侵種。任何國家都有可能成為加害的一方！

世界上許多國家都有著植物生態遭入侵種肆虐的問題。例如原產於日本及中國的虎杖，在英國的生命力強大到連混凝土都可以鑽破。在臺灣相當常見的山葛，也正在破壞美國的生態系統。有些植物到了一個陌生的環境裡，竟然會帶著可怕的攻擊力。

生命力超強的入侵種，
是怎麼跨國旅行的？

可能有人覺得那種植物很漂亮，就從國外帶了回來，也有可能是混在從外國寄回來的包裹裡。絕大部分的原因，都可以歸咎於人類。這些植物進入不同國家後，沒有受到妥善管理，開始大量繁殖，就算想要排除也沒有辦法。今後要如何處置這些入侵種植物，成了相當棘手的問題。

世界上被列為入侵種的還有這些！

入侵種		影響
北美一枝黃花 （原產於北美洲）	→	會從根部釋放出名為「相剋物質」的毒素，讓周圍的其他植物枯死。
豚草 （原產於北美洲）	→	不僅會阻礙農作物生長，而且也會導致人類罹患花粉症。
黃菖蒲 （原產於歐洲、西亞）	→	生長在河岸邊，繁殖能力相當強，會破壞原本的植物生態系統。
米氏野牡丹 （原產於墨西哥、南美洲）	→	葉片很大，會遮住其他小型植物的日照。而且雨水從葉片上滴落的衝擊，也會對地面造成不良影響。
白茅 （原產於亞、歐、非洲） 臺灣也是白茅的原產地	→	有「世界最強雜草」之稱。莖會沿著地面生長，不斷向周圍延伸，很難加以拔除。

mission 13 你的生活周遭一定也有！找找看入侵種植物吧！

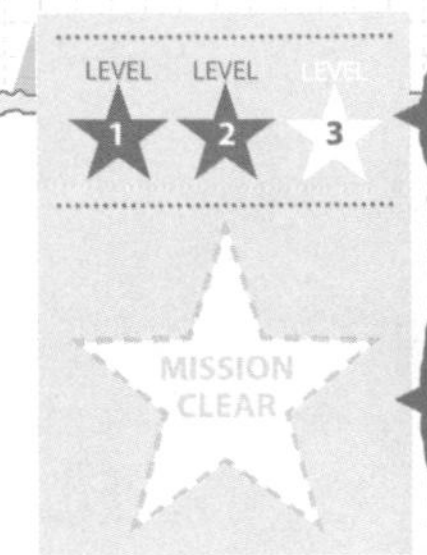

或許你會認為入侵種植物很可怕，但它們在陌生的土地大量繁殖，其實也證明了它們很努力活下去，而且引進外來植物、讓它們進一步成為入侵種，多半是人類造成的。例如西洋蒲公英這種植物，尺寸比日本、臺灣原有的蒲公英稍微大了一點；明治時代的日本人將它引進日本，原本只是為了當家畜的飼料，如今這種植物在日本已變成常見的花種。

講到生命力的表現，還可以聊聊像虞美人這種植物，為了盡可能將種子送往遠方，種子容易黏附在其他東西或生物上，例如經過的行人或車輛輪胎。當車輛停下來等紅綠燈時，黏附在輪胎上的種子就可能掉到地面。因此十字路口附近的柏油路面，有時會有這種植物從縫隙鑽出來。

- ☑ **能夠從柏油路面縫隙鑽出來的強韌植物，很可能是入侵種。**
- ☑ **入侵種的繁殖能力強，當發現同一種植物長了一大片，有可能是入侵種。**

建議可以去這些地方

或是「想要親眼看一看」，可以嘗試以下這些做法。

受大自然環境包圍的露營活動！

跟著大人們一起到野外露營，是觀察植物的絕佳機會！在放眼望去盡是大自然的環境裡，盡情探查有趣的植物吧。例如看見以前從來沒見過的花卉，可以試著把外觀畫下來，聞一聞它的香氣，或是思考它使用了什麼樣的生存戰略。在露營活動中，也許會看見日常生活中絕對不可能遇上的植物呢。對了，有些植物是在夜晚才會開花。為了在晚上吸引肚子餓的昆蟲，有一些植物會從傍晚開始散發出香氣。這種花以白色居多，例如夜香木（夜來香）、穗花棋盤腳等。要是晚上睡覺的時候，在帳篷裡能夠聞到香氣，那種感覺一定很棒吧。

參加登山活動

努力爬到山頂上，除了可以觀察植物，還可以鍛鍊身體，可說是一石二鳥。或許還有機會見到植物和鳥類和平共生的景象呢。

到從來沒去過的公園走一走

拿著地圖，找找看哪裡有公園。或許有機會見到許多過去從來不曾見過的植物。

如果想了解更多植物的事，

現在你已經明白植物的世界有多麼深奧！如果你想要「知道的更多」

自然保護區及國家公園是珍奇植物的寶庫！

在你家附近，是否能夠找到保留自然景色的公園或河岸？如果你住在沒什麼機會接觸到大自然的都會叢林裡，可以試著調查看看，距離你家最近的自然保護區或國家公園在哪裡。

像這樣的公園，往往可以看到各種季節性的植物，或是在自己的家鄉不容易看見的珍奇植物。這類公園都是以保護大自然為宗旨，因此公園的管理者應該也都是很喜歡植物的人。如果能夠跟他們聊一聊關於植物的各種趣事，應該也很有意思吧。只要問一下大人，或是上網搜尋一下，要找到像這樣的公園應該不難才對。

早上在自然環境裡散步

有很多植物在早上會有不同的面貌。例如醉芙蓉這種植物的花朵，早上是純白色，到了中午會變成粉紅色，到了晚上又會變成紅色。

到海邊走走吧

海邊是觀察海洋植物的最佳地點。雖然各地的海洋植物不盡相同，但是大多數的海洋植物都有著很厚的葉子。

到自然博物館學習植物知識

博物館裡有著許多植物學家蒐集來的奇妙知識。除了參觀，你也可以參加導覽行程，直接聽聽專家怎麼說。

特別篇

mission 14

出現在意想不到的地方？探索蕈類的真實面貌吧！

幫助你達成任務

提示 Tips

- ☑ 先到有可能生長蕈類的地方找找，通常是潮溼陰暗的地點。
- ☑ 發現了蕈類，想想看從哪邊到哪邊算是它的身體。
- ☑ 想像一下，蕈類是怎麼生出來的？

難易度 LEVEL 1 LEVEL 2 LEVEL 3

達成就塗滿它

可能會長這個樣子？

從落葉堆或腐朽的樹木中，找出蕈類的真實面貌！

你是否曾在住家附近的小山坡之類的地方，看見蕈類從枯葉或腐朽的倒木裡頭鑽出來？蕈類的長相真的很奇特，有著可愛的傘蓋，以及支撐著傘蓋的粗壯傘柄。顏色也有各種不同的風格，有的跟地上的腐朽樹木差不多，有的則是顏色鮮豔，簡直像是塗上了紅色或黃色的顏料。形形色色的外觀，怎麼看都不會膩呢。

對了，你知道蕈類真正的身體包括哪些部分嗎？傘蓋和傘柄？不只是這樣，其實蕈類有很大一部分藏在眼睛看不見的地方。這次的任務，就是把蕈類真實面貌找出來。

想想看，蕈類為什麼要有傘蓋？它的身體其實藏在看不見的地方！

說起蕈類，大家想到的都是有傘蓋及傘柄的生物，對吧？但其實蕈類的真正身體，是底下的那一大片菌絲體。

那些隱藏在枯木中、細絲狀的東西，才是蕈類的真面目！

你知道蕈類是怎麼生長出來的嗎？蕈類會藉由孢子來繁衍後代，當孢子成熟後，就會長出叫做「菌絲」的白色絲狀物，集結成一大片的菌絲稱為菌絲體。接著為了散播孢子，菌絲通常會在地面，例如枯木上長出傘狀的東西，那就是我們平常見到的蕈類模樣。之後，從傘蓋又會再掉落孢子，繼續蕈類生命的循環。

為什麼要長出那個傘狀的東西？

從木頭上生出來的那個傘狀物，應該是大家對蕈類最熟悉的地方。其實那個傘蓋及傘柄的部分叫做「子實體」，只會在地面上出現很短的時間。通常大概僅維持2個星期左右，有些蕈類像是墨汁鬼傘的子實體甚至只會維持1天。傘蓋內部的皺褶處是製造孢子的重要部位，傘狀物的存在就是為了保護這些孢子。

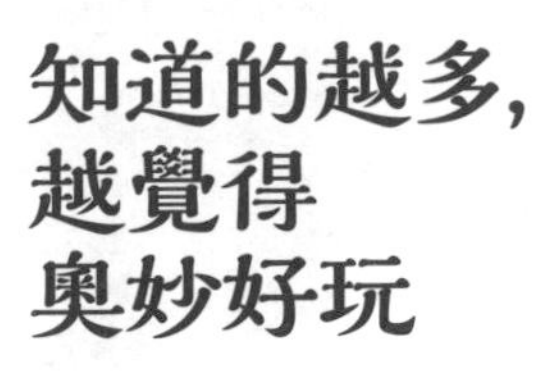

不屬於動物也不屬於植物的蕈類，到底是什麼來頭？讓我們深入分析它的生態吧！

蕈類的祕密 1　蕈類的子實體，是努力的結晶！

當蕈類準備好要散播孢子時，纖細的菌絲會凝聚在一起，擠出全部的力量，在地面上製造出子實體，成為我們平常所看見的蕈菇。孢子會借助風的力量飛向遠方，當散播孢子的時期結束後，蕈菇的一生就落幕了。

蕈類的祕密 2　傘狀物的結構和飛機機翼相似？

蕈類的傘狀部分其實和飛機的機翼很像。傘蓋下方的地面，會因為地熱及水分蒸發而產生上升氣流。當孢子落下時，就會隨著上揚的空氣而飄向遠方，這跟飛機飛行的原理很相像。

蕈類的祕密 3　菌絲團結在一起，保護蕈菇部位！

蕈類就跟人類一樣，不喜歡太熱的夏天或太冷的冬天。當它發現環境不佳的時候，菌絲會凝聚成堅硬的一大片，澈底保護蕈菇部位。有時菌絲甚至會將孢子的周圍緊緊包覆住。

蕈類的祕密 4　會占據昆蟲身體的冬蟲夏草到底是什麼？

蕈類的生長地點，並不見得一定是木頭。有些蕈類很厲害，會侵入蜘蛛或昆蟲的體內，製造大量的菌絲。不久之後，昆蟲就會死亡，死掉的身體上也會長出子實體。這個奇妙的物體就叫做「冬蟲夏草」，在中國被視為非常珍貴的藥材。

從真菌身上吸收養分讓自己成長！依賴真菌生長的奇妙植物

蕈類的真正身體是菌絲，屬於真菌生物的成員。你知道嗎？有一些植物會把真菌當成養分的來源呢。

這類仰賴真菌的植物，稱為「真菌媒介異營植物」，或「腐生植物」，它們不會行光合作用，而是從根部底下的蕈類或其他真菌中吸收養分，讓自己成長。在生態系統中，大多時候取得養分的一方會保護供給養分的一方，或者提供另一種養分給對方。但是依賴真菌養分的植物，通常對真菌沒有任何幫助，因此有人認為這是一種「寄生」行為。

這類植物大多有著奇特的外觀，最具代表性的就是下圖的水晶蘭。由於不必行光合作用，大部分這類植物的葉片及花朵都漸漸退化，變成這種古怪模樣，並呈現半透明的樣子。這世界上真是什麼奇怪的植物都有呢。

晚上看見一定很可怕！

看起來像幽靈的水晶蘭

水晶蘭是最有名的真菌媒介異營植物。白色半透明的外觀看起來很像幽靈，因此又名「幽靈花」。高度大約15公分，雖然會開花，但開出來的花朵卻是一副垂頭喪氣的模樣。生長初期都在地底下，到了6到7月才會探出地面。

還有這些真菌媒介異營植物！

＼果實是鮮紅色！／

血紅肉果蘭

高度約1公尺，秋天會結出許多又大又紅的果實。種子又可以從果實中，直接長出新的血紅肉果蘭。花朵的形狀非常奇妙，看起來簡直像是長出了好多隻小手。

＼在地底下開花！／

地下蘭

地下蘭是一種生長在澳洲的珍奇植物。整個身體都長在地底下，連開花也是開在土裡。不過，開花的時候，花朵頂端可能會稍微露出土外。它也是一種從真菌吸收養分的植物。

＼長得有點像海天使（裸海蝶）！／

水玉杯

這種植物生長在亞熱帶與熱帶地區，日本、臺灣、巴西都有它的蹤跡。水玉杯幾乎整株都是透明的，高度只有約3公分。模樣相當奇特，看起來有點像是花瓶，又有點像是張開了嘴巴的海天使。通常生長在潮溼的落葉下方，在日本已被指定為受保護的「天然紀念物」。

特別篇 mission 15

公園、步道、樹林……找出蕈類的生長地點吧！

難易度

達成就塗滿它

說起採菇，大家首先想到的都是到山上去找。但其實在許多意想不到的地方，都生長著蕈類生物。在保留著自然環境的公園、散步道或樹林裡頭，當然也找得到。蕈類特別喜歡陰暗、潮溼的環境，因此可以在類似這樣的地方仔細找找看。或許有機會能夠找到像羊肚菌這種傘蓋呈網狀、外觀特別有趣的蕈類呢。

不過要注意的是，許多蕈類都帶有毒性。當你發現蕈類，不管外觀看起來多麼美味，都絕對不能放進嘴裡吃！甚至也建議不要隨意碰觸它，一定要先問過熟悉蕈類的大人才行。

☑ 蕈類最喜歡陰暗、潮溼的環境。
☑ 有些蕈類看起來完全不像香菇，例如形狀扁平的多孔菌，以及形狀像網子一樣的羊肚菌等。

特別篇

mission 16

找出每小時移動數公分的神奇黏菌吧！

你曾經聽過黏菌這種生物嗎？
它有時候看起來像變形蟲，有時候看起來像寶石。
現在就讓我們深入了解它的生態吧。

幫助你達成任務

提示 Tips

☑ 有可能黏附在樹幹上，或是樹木砍倒後留下的樹墩上。
☑ 仔細觀察野外的落葉、植物或石塊。

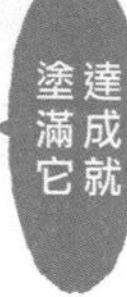

各式各樣的黏菌！

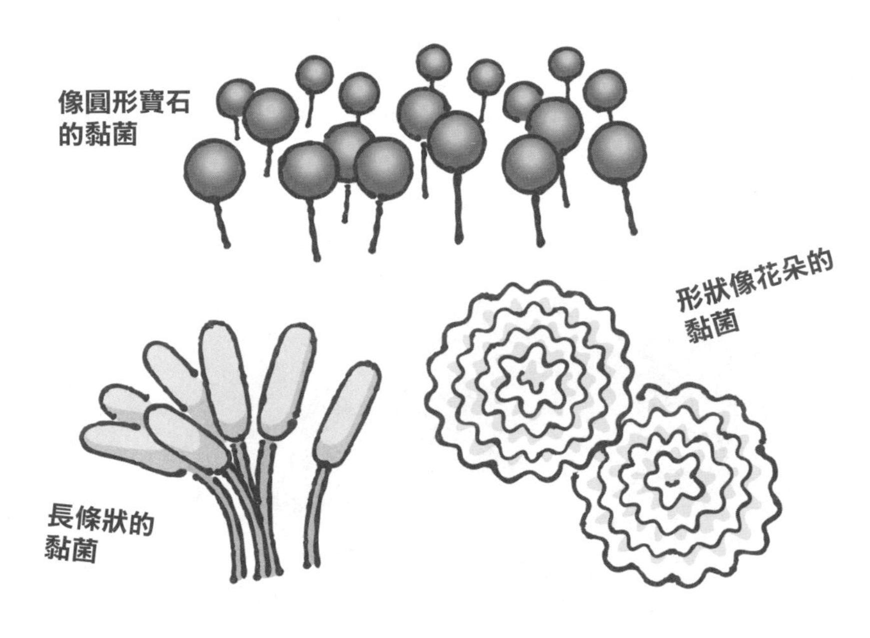

黏菌會為了尋找繁衍子孫的最佳地點而不斷移動

黏菌是一群會不斷改變外型的奇妙生物。剛開始的時候，它的形狀像變形蟲，因此稱做「變形體」。接下來為了繁衍後代，會變身成為「子實體」。

大多數種類的黏菌，會在梅雨季節時逐漸長大，並且開始以時速數公分的速度移動。當找到了合適的繁殖地點，就會轉變成子實體。每一種黏菌的子實體外觀都相當獨特，例如鵝絨黏菌子實體看起來像一朵朵的白花，灰團網黏菌的子實體是扭來扭去的長條狀，亮皮黏菌的子實體則看起來像寶石一樣美麗。

我想要深入瞭解！黏菌的各種超強特性

黏菌除了會動之外，還擁有各種厲害的能力。一起來看看！

擁有能夠走出迷宮的高度智慧

有一種名叫多頭絨泡菌的黏菌，通常棲息在枯葉裡，顏色呈黃色。曾有研究人員把這種黏菌放在立體迷宮的入口處，並在出口的地方放置食物，結果發現這種黏菌能夠以最短的路線走到出口。可見這種黏菌的移動是經過深思熟慮，並非隨便亂走。

知名學者及昭和天皇都大感興趣

日本知名的研究學者南方熊楠以及昭和天皇，都非常熱衷於黏菌的研究。南方熊楠發現了新品種黏菌「南方長絲黏菌」，昭和天皇則發現了針箍黏菌。

喜歡吃細菌，甚至可能會吃掉蕈類！

變形體狀態的黏菌為了變成子實體，必須吃掉細菌來讓自己成長，有些黏菌甚至會吃掉蕈類。正因為有黏菌把細菌吃掉，細菌才沒有過度繁殖，讓自然生態能夠維持平衡。

變形體就算被切開，也能夠再生出來

當黏菌處在變形體狀態的時候，就算被切開也完全不會有事，傷口馬上就會復原。即使是從中間被切開，也還是能存活下去。把切開的兩邊放在一起，又會合而為一。

有圓球狀，也有閃亮型。子實體超美麗！

黏菌的另一個厲害之處，就是子實體都相當獨特。除了前一頁所介紹的3種黏菌之外，還有顏色如彩虹的白柄黏菌，以及彷彿頭上戴著皇冠的紫篩黏菌，看起來完全不像想像中的黏菌！

先到住家附近的公園找找看，
或許就隱藏在枯葉的背後呢！

或許你的生活周遭也有黏菌呢！

讀了那麼多關於黏菌的說明，你是不是很想親眼瞧一瞧？如果產生了這樣的念頭，可以試著在住家附近找找看。從梅雨季過後到夏天期間，黏菌數量會增加，是絕佳觀察時機。建議可以拿著放大鏡，在陰暗處的落葉堆或枯樹附近仔細觀察，或許可以發現像寶物一樣的子實體呢。

有這些會很方便！

- 能看清楚樹幹小洞的小型放大鏡。
- 有縮放影像功能的照相機。
- 建議穿長褲，方便需要的時候半跪觀察。

特別篇 mission 17

發現感興趣的黏菌，就在家裡培育看看吧！

難易度 LEVEL 1 LEVEL 2 LEVEL 3

達成就塗滿它 MISSION CLEAR

奇妙的黏菌，光是發現就能帶給人相當大的感動。不過世界上有些人因為太喜歡黏菌，忍不住在自己的家裡培育呢。如果你也對黏菌感興趣的話，建議可以先找出變形體狀態的黏菌。找到後，就使用小刀之類的器具將黏菌取下來，放在盒子裡帶回家。

要在家裡培育黏菌，記得必須放置在太陽照不到、不會太乾燥的地方。最佳的培養環境是放在洋菜凍上。而黏菌的食物，只要準備燕麥片就行了。讓黏菌處在適合成長的環境裡，然後好好觀察黏菌是怎樣移動和擴大範圍，實在是很有意思的事。

☑ 建議一開始把黏菌本來黏附的樹葉和樹枝也放進盒子裡，上面應該會有黏菌原本的食物。
☑ 培養成子實體之後，可以趁枯萎之前製作成標本。

連蝴蝶和蜜蜂也超喜歡！找出2種紅色的花朵吧！

LEVEL 1 LEVEL 2 LEVEL 3

難易度

MISSION CLEAR

達成就塗滿它

有些昆蟲是受到花朵的香氣所吸引，不過吸引蝴蝶及蜜蜂的主要是花蜜及花朵的鮮豔色彩。這次的任務重點就是花朵的顏色，要請你找出受到很多種蝴蝶和蜜蜂都喜愛的紅色花朵。紅色是非常豔麗的顏色，從遠處就可以分辨得出來。

有什麼樣的植物，會開出紅色的花朵？春天較常見的紅花包含山茶花、玫瑰及杜鵑花，夏天有大理花、天竺葵及孤挺花，秋天則有大波斯菊。就算是冬天，也有茶梅、三色堇及報春花。可以開出紅花的品種有這麼多！找到了紅色的花朵，可以順便看看附近有沒有蝴蝶。

- ☑ **找找看學校的花圃，有沒有鬱金香或三色堇？**
- ☑ **回想一下，公園的哪個角落最常看見蝴蝶？**
- ☑ **樹上也可能開出紅色的花朵，例如梅樹。**

mission 19

春夏秋冬任何季節都能挑戰！找到5種果實吧！

LEVEL 1 LEVEL 2 LEVEL 3

難易度

MISSION CLEAR

達成就塗滿它

說起果實，大家首先會想到的應該都是秋天常看見的橡實。但其實果實就跟花一樣，一年四季都可以找到，只是每個季節的種類不同。這次的挑戰，就是尋找果實。雖說找果實一點都不難，但要找到5種也不是件容易的事。

果實的顏色大多特別顯眼。例如臺灣中低海拔常見的胡頹子，到了二、三月會結出鮮紅又柔軟的果實。果實的顏色如此亮眼，是為了讓鳥類容易發現。鳥兒吃了果實之後飛走，會將種子隨著糞便一同排出，留在遠方的土地上。不過也有一些果實的顏色並不特別豔麗。例如常在歐美當成行道樹的懸鈴木，夏天會長出帶有尖刺的果實。此外，當然也不能忘了秋天的銀杏果實。蒐集各式各樣的果實，是一件非常開心的事情。

- ☑ **鳥類很喜歡吃果實。**
  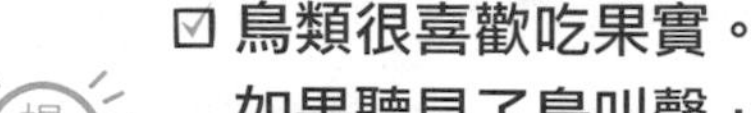
  如果聽見了鳥叫聲，很可能附近就有果實。
- ☑ **如果看見別人家的庭院種植柿子樹，柿子當然也算果實。**

如果全部都能答對，
就是自然博士了！

自然問題大挑戰！

這些題目除了跟昆蟲的驚人能力及植物的生存戰略相關之外，還涵蓋了化石、雲、宇宙等各種領域的問題。快來挑戰看看！

Q1

路旁的護欄上常會有彎彎曲曲的痕跡，這是什麼動物的食痕？

❶ 螳螂
❷ 蝸牛
❸ 虎頭蜂

Q2

獨角仙、鍬形蟲大多是夜行性昆蟲，晚上活動而白天休息。請問牠們都睡在哪裡？

❶ 螞蟻的巢穴中
❷ 葉子上
❸ 土裡面或枯葉底下

Q3

有些鳥類因為外觀、行為跟另一種鳥類很像，因此常常被人認錯身分。在公園或校園，哪一種鳥類很容易被人誤認成啄木鳥呢？

❶ 麻雀
❷ 五色鳥
❸ 斯氏繡眼

Q4

石龍子與草蜥長得很像，但是從身上的某個部位可以輕易分辨牠們，那是什麼部位？

❶ 尾巴的長度
❷ 眼睛的大小
❸ 奔跑的速度

 答案在P125。

Q5

皇帝豆這種植物的天敵是植食性的蟎。當皇帝豆察覺正在被蟎吃的時候，會如何保護自己？

❶ 散發出一種氣味，吸引肉食性的蟎。

❷ 散發出一種氣味，將植食性的蟎殺死。

❸ 散發出一種氣味，讓自己變強壯。

Q6

黃花酢漿草這種植物，會長出宛如迷你秋葵的長條狀果實，這種果實在成熟後會發生什麼事呢？

❶ 變成紅色吸引鳥類吃掉。

❷ 爆裂開來將種子彈出去。

❸ 長出絨毛乘著風飛走。

Q7

頂囊蕨是最早出現在地球上的植物，生活在4億2千年前。它有著什麼樣的形狀？

❶ 頂端形狀像小喇叭。

❷ 長著細長狀的羽毛。

❸ 長著有毒的尖刺。

Q8

蕈類能夠在各種地方活下去。有些蕈類甚至能夠生長在相當令人驚訝的地方，像是以下的哪裡？

❶ 蛇的牙齒上。

❷ 混凝土塊裡。

❸ 昆蟲的身體裡。

Q9

人類能夠朝著地球的中心挖多深？目前挖得最深的世界紀錄，是蘇聯所推動的一項計畫，當時挖了地球半徑的百分之多少？

❶ 10%

❷ 0.2%

❸ 45%

Q10

菊石、恐龍、鸚鵡螺之類的化石，記錄了地球的歷史。這些化石很可能出現在令人意想不到的地方，像是哪裡？

1. 建築物的牆壁裡。
2. 老舊汽車的輪胎裡。
3. 宇宙塵埃裡。

Q11

有時高山的附近會出現一片橢圓形的雲，看起來像飛碟一樣，這種雲的名稱是什麼？

1. 盤子雲
2. 饅頭雲
3. 莢狀雲

Q12

很多星座是根據希臘神話所想像出來的。其中哪個星座象徵著可以裁斷善惡的正義女神？

1. 寶瓶座
2. 雙子座
3. 天秤座

Q13

太陽的周圍有8顆行星，組成了「太陽系」。所有行星中，與地球最相似的是火星。最相似的點是什麼？

1. 有四季變化。
2. 有廣大的海洋。
3. 有相同的重力。

Q14

月球的附近有著許多像月球的小天體，被稱為「迷你月球」，其中最小的直徑大約是多少？

1. 50公尺
2. 1萬公里
3. 3公尺

 答案在P125。

小專欄 2

原來有許多植物都帶有毒性？

本章的內容中，提到了植物懂得善加運用「好聞的氣味」及「不好聞的氣味」，來提升自己的生存條件。事實上除了「聞起來的氣味」之外，「吃起來的滋味」也是一樣。例如蜂斗菜這種植物，人類食用時雖感覺有點苦，但依然覺得好吃，然而據說那種苦味會讓昆蟲不願意去吃它。除了蜂斗菜之外，像是過貓、紫萁這類山菜，都有很強的苦味。它們有很多是在春天發芽，好不容易度過了寒冷的冬天，接下來正要開始成長，可不能讓嫩芽就這麼被蟲吃了。為了避免蟲食，便故意讓滋味變得苦澀。

同樣的道理，絕大部分的植物都會有一些對抗天敵的手段，這些手段包含了氣味、滋味、尖刺，以及毒性。或許正因為有這些特性，植物才能在地球上大量繁殖。平常在吃蔬菜的時候，如果能夠思考一下那個滋味裡隱藏著什麼樣的生存戰略，也是一件很有趣的事。

第3章 地科

一顆石頭，可以告訴我們地球的運轉和構造；一塊化石，可以告訴我們地球的歷史。讓我們透過地質，揭開廣大地球的神祕面紗吧！

mission 20

從公園或庭院蒐集岩漿的碎塊吧！

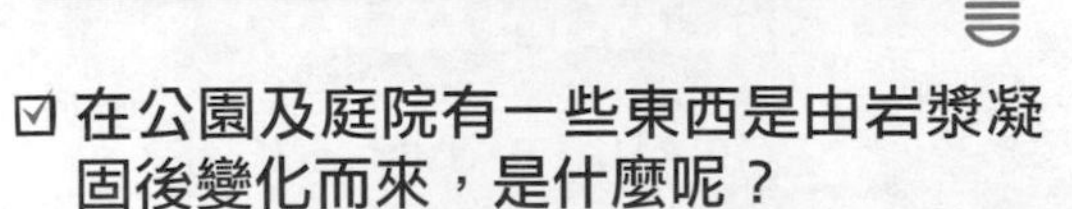

☑ 在公園及庭院有一些東西是由岩漿凝固後變化而來，是什麼呢？

☑ 這東西有各式各樣的種類，有的表面凹凸不平，有的非常光滑唷。

Tips

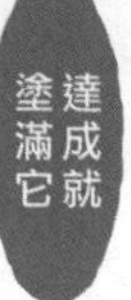

岩石有這麼多種類！

表面光滑的石頭

閃閃發亮的石頭

凹凸不平、
滿布坑洞的石頭

想要了解石頭的形成過程，可以從地球內部研究著手？

如果不斷往地底下挖，會發現地球的表面有一層殼，殼與地球中心之間，則是超高溫的岩漿。當火山噴發時，這些濃稠的紅色岩漿就會流到地球表面，或許你曾見過類似的照片或影片。

你知道嗎？要找到像這樣的岩漿碎塊一點也不難，你家附近或公園都看得到，那個東西就是「石頭」。岩漿原本是流動的液體，但是凝固之後，就變成岩石。這些岩石歷經悠久的歲月，會碎裂成小碎塊，接著可能會被水流帶往各地，經歷過漫長的旅程與變化，最後就成了在我們生活周遭隨處可見的石頭。

你找到了什麼樣的石頭？

石頭是由形成方式來分類！

你在住家附近或公園找到的石頭，也是地球的一部分呢！就算是再小的石頭，也能夠從中看出地球的成分。

石頭的種類

大致可分為3種！

火成岩

讓我們了解
地球內部情況的石頭！

岩漿冷卻凝固後形成的石頭，就叫做「火成岩」。這種石頭隱藏著重要的線索，能夠讓我們知道地球內部的狀況。

沉積岩

在地面上
經由堆積而形成！

在斷崖處有時可看見分層的岩層，通常那就是「沉積岩」。在沉積岩裡經常可以發現化石。

火成岩或沉積岩在地球深處，
長期處在「高溫及高壓狀態」下，
就變成了另外一種石頭！

變質岩

誕生於地球深處的新岩石！

火成岩或沉積岩如果被推擠到地球深處，長時間承受地球內部極高的溫度與壓力後，就會變化成另外一種完全不同的岩石——變質岩。

有名的大理石也是變質岩

你聽過大理石嗎？那是一種漂亮的白色岩石，經常被運用在建築或雕刻上。事實上大理石也是一種變質岩。它原本是在海中形成的石灰岩，但是在地球內部受到岩漿高溫擠壓，就變成了大理石。

岩漿的原料大部分來自上部地函

地球的內部非常熱。當岩石因為高熱而熔化，就會形成岩漿，並上升到地表附近。在上升的過程中，這些岩漿可能會在「地底下」或從「地面上」噴出，並且冷卻凝固，形成火成岩。換句話說，火成岩是由岩漿凝固所形成。而岩漿的原料從哪裡來呢？答案是上部地函。上部地函指的是最靠近地球最外層硬殼（地殼）處，半熔融成濃稠狀的岩石，成分中大多是「橄欖岩」，溫度非常高（細節將在P87說明）。

岩漿是怎麼變成石頭的？

如果岩漿是在地底下慢慢冷卻凝固

會變成「深成岩」！

深成岩是岩漿在地底下慢慢冷卻、凝固後所形成，這種岩石裡的礦物顆粒較大。最具代表性的深成岩就是「花岡岩」，顏色從粉紅色到紅色都有。在臺灣離島的金門和馬祖都找得到，尤其馬祖有許多傳統房屋都是用花岡岩砌成，石屋沿山勢建造，美麗又壯觀。

如果岩漿是在地表附近快速冷卻凝固

會變成「火山岩」！

火山岩是岩漿在地表附近快速冷卻、凝固所形成，岩石裡的礦物顆粒較小。最具代表性的火山岩是「玄武岩」和「安山岩」，兩者都偏灰色，而通常玄武岩顏色又較深一些。臺灣的安山岩大多分布在北部和東部，玄武岩則以澎湖群島較常見。

深成岩與火山岩的差異

深成岩是在地下深處慢慢冷卻形成，顆粒較大。
火山岩是在地表附近快速冷卻形成，顆粒較小。

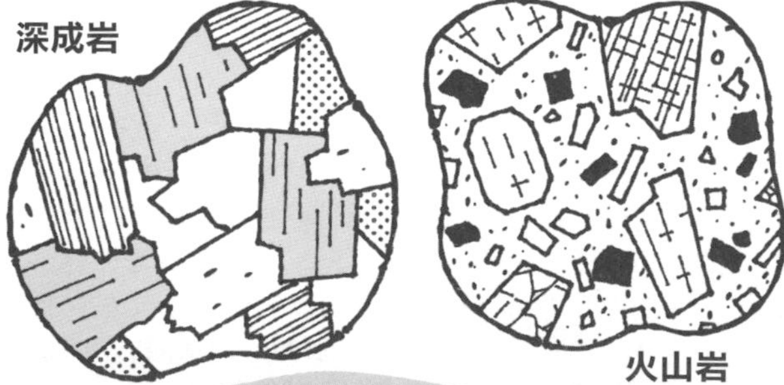

在顯微鏡底下觀察的示意圖。

如果從地球表面一直往地心挖，會看見什麼？

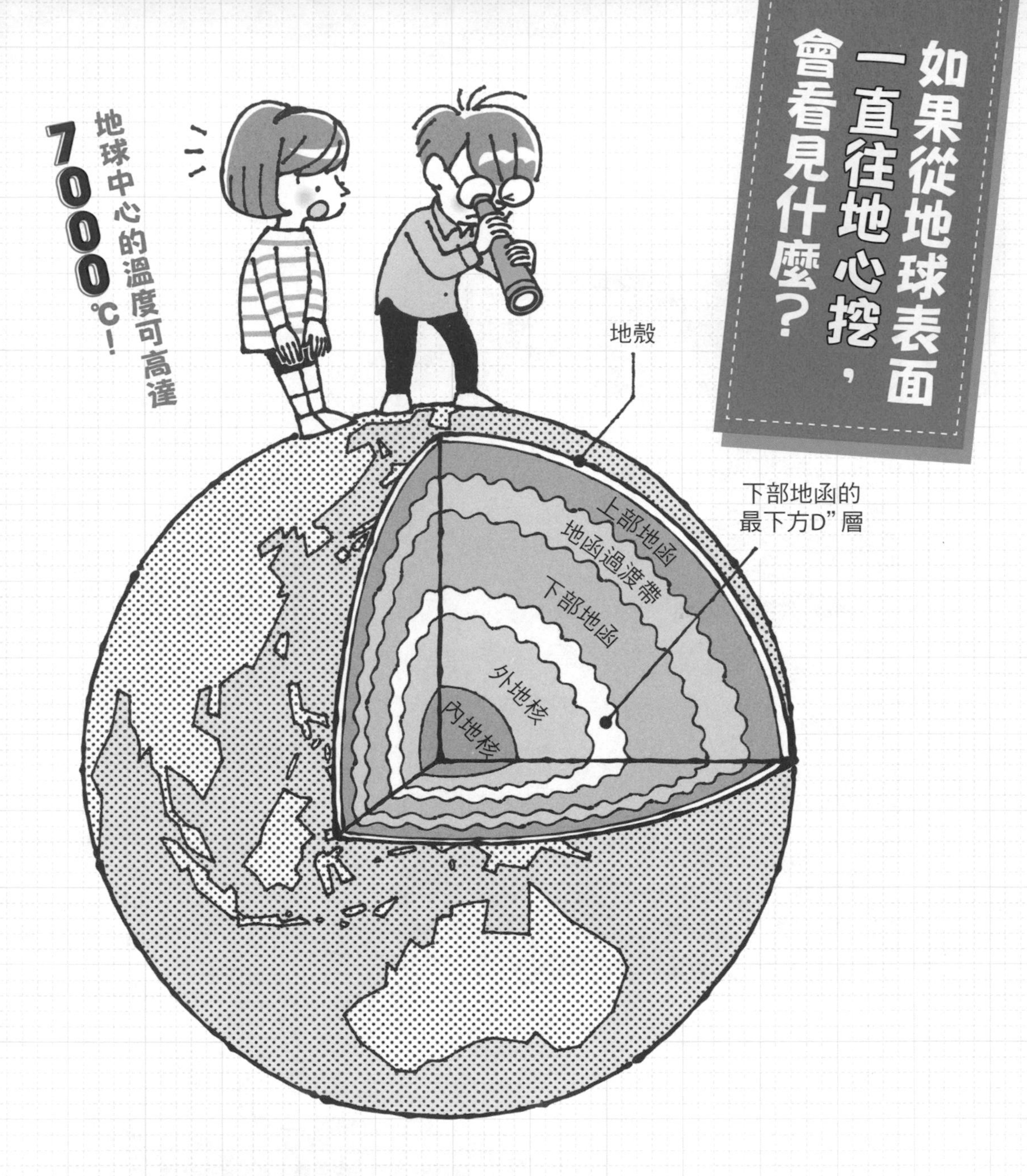

人類目前能挖掘的深度，只占地球半徑的0.2%！

從地表到地球的中心，距離約為6378公里。你是否曾感到好奇，如果我們不斷往地球深處挖掘，會看見什麼東西？事實上地球的內部非常熱，而且壓力非常高，所以質地極為堅硬。就算以最先進的技術往下挖，能挖到的深度還是距離地球的中心非常遠。人類歷史上挖得最深的紀錄，是源自於1970年至1989年間，前蘇聯進行的一項計畫。當時挖掘的深度來到12.261公里，而那個位置的溫度已經達到200℃！最後因為實在太燙了，沒有辦法再繼續往下挖。這項工程前後花了大約19年的時間，挖掘的深度竟然只占地球半徑的0.2%。地球真是太大了，對吧？

地表

地殼

離地表約數十公里

不僅陸地上有地殼，就連大海的底下也有地殼。陸地上的地殼比較厚，主要是「花岡岩質」；海底的地殼比較薄，主要是「玄武岩質」。

地函

離地表約2900公里

地函是從地殼底部往下，延伸至離地表約2900公里處，由3個部分組成：最頂端是「上部地函」，是岩漿的來源；下方是「地函過渡層」，再往下則是「下部地函」。

上部地函　往下到深度約410公里的區域，屬於上部地函。這個區域的主要成分，是因高溫而變成熔融狀的橄欖岩。

過渡層　深度約410到610公里的範圍是地函過渡層。跟地函相比，屬於水分較多的區域。

下部地函　深度約610到2900公里的範圍是下部地函。科學家推測，這個區域的成分應該與上部地函不同。

D”層　下部地函的最下方為「D”層」。範圍在深度約2700到2900公里之間。D”層的成分推測是結構更加緊密的橄欖岩，此外還有一些因高壓而形成的堅硬礦物。

地核

離地表約6378公里

地球的中心部分是地核，地核還可以分為外地核及內地核。

外地核　深度約2900到5100公里的範圍為外地核，據推測應該是由熔融液態的鐵及鎳所組成的。

內地核　深度約5100公里到地球中心點的範圍為內地核，成分據推測應該是固態的鐵和鎳，另外還夾雜了一些較輕的元素。

mission 21 找出又圓又光滑的石頭吧！

石頭有各種不同的類型，有的比較白，有的比較黑，有些石頭的顏色甚至是綠色。這次的任務，是找出又圓又光滑的石頭。什麼顏色都沒有關係，重點是必須看起來圓滾滾的，而且表面非常光滑。只要想想看「為什麼石頭會變成圓形」，要完成這個任務就會變得非常簡單！

☑ 想想看，為什麼石頭會變成圓形？

☑ 在河川的下游會比上游更容易找得到。

mission 22

充滿玄機的石頭！找出化石吧！

幫助你達成任務

☑ 試著在有分層的地層或沉積岩裡找找看。
☑ 在火成岩裡是不可能找得到的！

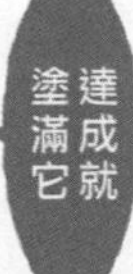

原來這種地方也有化石！

尋找充滿了歷史氛圍的化石。其實在街上也可能找得到唷！

古代存在著什麼樣的生物？那些生物生活在什麼樣的環境裡？要揭開這些關於地球歷史的祕密，化石可是為我們提供了相當重要的線索。這次的任務，就是找出化石。

當生物因為某種原因而遭到掩埋，必須在沒有接觸空氣的情況下，維持這個狀態上億年，才會變成化石。因此化石的形成，必須歷經種種的巧合。發現化石的地點，通常都是在由泥沙堆積而成的沉積岩地層裡，有時在建築物的石材中也找得到。

第3章 地科

找到化石了嗎？化石大多藏在沉積岩地層裡！

化石就像珍貴的歷史紀錄，能讓我們了解從前的地球！

化石有著各式各樣的種類

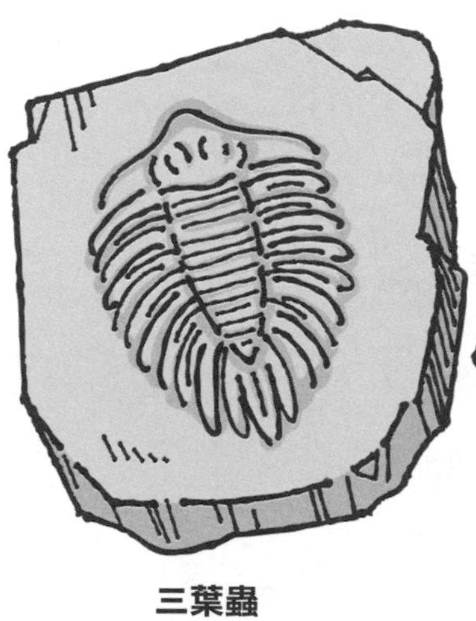

三葉蟲

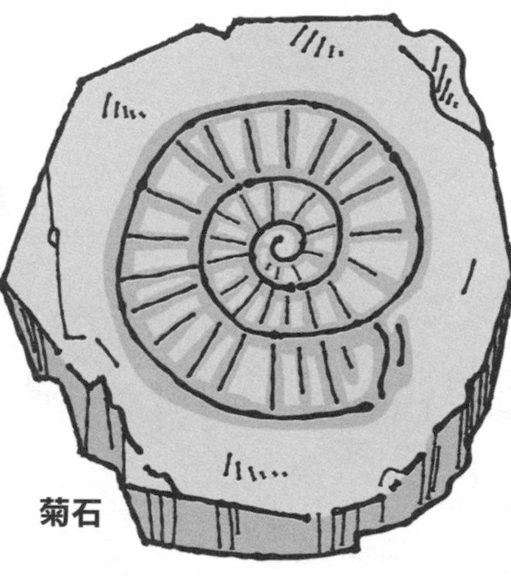

菊石

化石的種類大致上可分為3種，其中最有名的是「實體化石」，例如恐龍的骨頭、菊石的殼等。另外還有「生痕化石」，指的是動物的足跡、糞便形成的化石。最後一種則是「化學化石」，指的是生物實體或動物排泄物等變質後，仍留下來的DNA或碳氫化合物等。

化石秘密 1 生物變成「石頭」有多難？

原來這麼不容易！

化石是一種不可思議的現象！

在一般的狀況下，生物死後屍骸會腐敗、骨頭在歷經風吹雨打之後也會解體，無法維持原本的形狀。就算是完整的屍體被埋在土裡，在承受了長時間的地面壓力後，往往也會變形毀壞。必須要同時符合許多偶然的條件，屍骸才能在良好的狀態下保存下來，變成化石。因此，化石可說是一種奇蹟的產物。

化石祕密 2 化石是怎麼「跑出來」的？

堆積

生物死後，屍體沉入水底，被泥沙掩埋；之後上頭可能又會堆積其他生物的屍體。在漫長的歲月裡，泥沙和生物屍體就像這樣不斷堆疊。

海底隆起

原本在海底的地層可能會隆起，變成陸地上的平地或高山。

侵蝕作用

這些隆起形成的陸地地形受到風雨的侵蝕，原本埋藏在裡面的化石就會顯露出來。

能遇見化石也是奇蹟！

化石不僅存在本身是個奇蹟，能歷經各種機緣來到我們的眼前也很不容易。如果你看見化石，要記得這是得來不易的事，請好好珍惜喔。

化石祕密 3 化石都是在什麼樣的地方被發現？

沉積岩的地層

發現化石的地點，都是由泥沙堆積而成的地層，像這樣的地層叫做沉積岩。由岩漿冷卻形成的火成岩，或是因地球的高溫及壓力而形成的變質岩，裡面都不太會出現化石。

也可能出現在建築物的石材之中

用來當做建築材料的石灰岩，也可能藏有各式各樣的化石。像日本就有幾個在建築中發現化石的例子喔！這些建築用的石灰岩往往來自世界各地，因此有機會從建築中發現源自其他國家的化石。

- ◆東京日本橋三越本店／菊石、箭石的化石
- ◆神奈川橫濱地標大廈／蜓螺的化石
- ◆京都車站大樓／菊石的化石

尋找化石時的注意事項

較容易發現化石的地點，大多在山上、河邊或是靠近海的地方。要前往這些地區，一定要有大人陪同，並且一定要要穿著長袖和長褲，才能確保安全。此外，有許多地點不允許訪客隨便挖掘化石，因此在尋找化石時，記得必須獲得土地管理者的同意。

編按：在臺灣除了建築材料，也可在石灰岩做成的茶具（茶盤）中觀察到貝類化石。

化石隱藏

資訊❶

從前的地球有著什麼樣的生物？

化石原來藏有超多資訊！

寒武紀時代的海洋

大約5億4千萬年前到4億8千萬年前，是寒武紀時代。當時幾乎整個地球都是海洋，海中出現了各式各樣的生物。那些生物都具有相當獨特的外型，簡直就像是出現在奇幻電影裡的幻想生物。多虧了化石，我們才能知道這些寒武紀時代生物的模樣。

95%的生物都消失的大滅絕

地球到目前為止，一共發生過5次生物大滅絕。其中發生在大約2億4千萬年前的大滅絕，造成了95%的生物消失。

出現巨大昆蟲的時代

在距今約3億5千萬年前的石炭紀，整個地球可說是巨大昆蟲的樂園。當時有一種巨脈蜻蜓，是現代蜻蜓的近親，全長有70公分。

從前的地球有著什麼樣的地形？

在聖母峰的地層裡發現的珊瑚化石

聖母峰是全世界最高的山，但是科學家在聖母峰的地層裡，發現了距今約5千萬年前的珊瑚化石。只生活在海水裡的珊瑚當然不會爬山，可見得聖母峰從前曾在海底。

外貌從以前到現在都不曾改變的活化石

鱟ㄏㄡˋ及鸚鵡螺是活化石

珍貴的化石除了能讓我們知道許多已滅絕生物的模樣之外，還能幫助讓我們了解一些現今還生存在地球上，而外貌從以前到現在卻幾乎沒有改變的「活化石」。這些生物以相似的模樣存活了數億年，實在令人敬佩。

我們對古代地球的理解越來越正確！

世界上不斷有新的化石出土。我們想要了解古代地球，必須仰賴這些化石及地層所提供的線索。因此每當科學家發現新的化石，可能就會提出關於古代地球樣貌的全新「假說」。恐龍的外貌就是其中一個例子。由於近年來科學家發現許多身上帶有羽毛的恐龍化石，因此如今學界的主流看法是「恐龍身上有著像鳥類一樣的羽毛」。

你知道什麼是「化石燃料」嗎？

像「石油」、「天然氣」等資源就是化石燃料！

化石燃料是地球的珍貴資源

根據科學家的推測，距今約2億數千年前到1億數千年前的地球上，生長著非常多巨大的植物。這些巨大植物倒下後和其他生物的屍骸一起變成了化石，接著這些化石又歷經了非常漫長的歲月，在地球的地底深處承受高壓及高溫，就變成了所謂的化石燃料。

煤

從前英國的工業革命，正是以煤作為能量來源。在古代的地球，各大洲的陸地是連在一起的，稱為「盤古大陸」，上面生長著許多巨大的植物。這些植物倒下後堆積在一起，並在地底的高壓環境下歷經了非常久之後，漸漸轉變成現在看到的煤。煤也被稱為「會燃燒的化石」。

石油・天然氣

「盤古大陸」上的巨大植物倒下堆疊時，有時也會包含了其他生物的屍體及泥土。這些東西一起變成了化石之後，又在地球內部因為高溫及高壓產生變化，成為現今的石油及天然氣。石油及天然氣是許多種碳氫化合物的混合物，形成的過程非常複雜，沒有辦法用單一的規則來說明。

＼ 近年來備受關注的天然燃料！ ／

什麼是可燃冰？

質地像冰沙的「可燃冰」是近年熱門的新型態地質燃料，它的結構是由水分子包住大量天然氣組成，因此又叫做天然氣水合物。其中因為可燃冰中的天然氣類型大多是甲烷，也常聽到人們用甲烷水合物來稱呼它。可燃冰必須在低溫、高壓的條件下，才能維持安定的固體型態，所以只存在於地底下的永凍土或極深的海底，目前的科技還無法加以活用。

除了化石燃料，地球還有這些珍貴寶藏！

黃金

經濟價值很高的黃金，是以金本身的元素狀態隱藏在岩石中。據推測，金礦形成方式之一是：岩石中原本帶有的少量金受周圍高溫影響而熔化，到處流動、並在遇到環境突然劇烈變化的地點後，進一步沉澱聚集，變成金礦。

稀有金屬

岩石之中通常含有「礦物」，而對人類來說有用處的經濟礦物稱作「礦石」。例如金、銀、銅就是較有名的礦石。此外，還有一些稀有金屬，例如鎳、鈦、錳、鎢等，都是非常珍貴的地下資源，全世界各個國家都在積極開採中。

鑽石

鑽石就跟紅寶石、藍寶石、綠寶石一樣，屬於一種「寶石」。石頭要被稱為寶石，必須符合以下3個條件：數量稀少、外觀美麗、堅固耐用。在所有的寶石之中，又以鑽石最受大家喜愛。

鑽石是怎麼形成的？

在地底下約300公里深的地函之中，有時候會有獨特的岩漿以極高速、極高壓的狀態噴出地表。鑽石的礦坑，就位在這種岩漿的通道上。不過鑽石並不是以我們現在看到的狀態直接埋在礦山中。鑽石的原石是一種叫做「金伯利岩」的火成岩，從礦山開採出來之後，必須加以研磨，才能成為鑽石。

mission 23 觀察活化石吧！

所謂的「活化石」，指的是從很久以前就存在於地球上，而且外貌幾乎沒有什麼改變的動物或植物。要達成這一次的任務，關鍵就在「查詢的能力」。什麼是活化石？有哪些種類？總之先到圖書館或網路上查詢看看吧。找到答案之後，接下來就練習思考，要到哪裡才能觀察得到這些活化石。想從自然環境裡找出活化石，或許並不容易，但如果前往動物園或水族館，應該就能看得到了。甚至在你的生活周遭，可能就存在著一些植物的活化石呢。

☑ 生活周遭或許也能找到植物的活化石。
☑ 如果找不到，也可以善加運用動物園或水族館。

小專欄

地球內部的狀況是怎麼研究出來的？

地球的內部非常炎熱，根據推測，在地球中心的環境溫度高達7000℃。地球中心不僅熱，而且質地也非常硬，就算使用最新科技，也只能往地底下挖掘至地球半徑0.2%的深度。這一點，在前面已經說明過了。等等，既然沒有辦法往下挖，科學家怎麼有辦法知道地球內部的狀況？

答案就是利用「地震波」來調查。所謂的「地震波」，指的就是發生地震時產生的波動。如果地震的規模夠大，「地震波」甚至會傳遞到地球的另一側。

「地震波」的傳遞速度，會因為地球內部的「密度」及「狀態」而改變。此外，「地震波」可分為「P波」及「S波」兩種：「P波」可以通過固體及液體，「S波」則只能通過固體。因此如果「S波」無法通過某個區域，就表示那個區域是液體狀態。靠著這樣的方式，雖然沒有辦法挖到地心，眼睛也沒辦法看見，還是可以推測出來地球內部的模樣。

第4章 天文

抬頭仰望天空，可以看見雲朵及星辰，在那背後是寬廣的宇宙。在最後一章，我們將探索頭頂上方的神祕世界。

mission 24

為什麼形狀都不一樣？找出各種形狀的雲朵吧！

幫助你達成任務 提示

☑ 雲朵的形狀會隨著天氣而改變。
☑ 除了形狀，還可以注意雲朵的高度。
☑ 把雲朵的形狀畫下來，會比較容易比對。

Tips

可能會找到這種形狀的雲？

像波浪的波狀雲

像飛碟的
莢狀雲

雲的形狀就像是大自然的藝術，至少有10種以上！

在天氣好的日子仰望天空，就會看見雲朵飄浮在空中。看著那美麗的藍天白雲，心情也跟著變得神清氣爽，煩惱都被拋出腦外。應該有不少人有過這樣的經驗吧？相反的，似乎也有一些人會把雲當成理所當然的東西，從來不曾在意過。這次的主題，就是你常常見到的——雲。

大氣中的水滴或冰粒，與空氣中的灰塵聚集在一起，就會形成雲。本次任務的重點，就是體會雲朵形狀的有趣之處。不過這次可沒有辦法一天就達成任務。必須每天都找時間觀察天空，耐著性子找出下兩頁所介紹的10種雲，才算是大功告成。

仔細觀察看看！雲的形狀

高度不同，稱呼也會完全不同。將以下這10種雲全部找出來吧！

雲的形狀會隨著天氣的狀況而改變，種類大致上可分成10種。一起來看看，這10種雲分別有什麼特徵。

被風帶動形成

卷雲

形狀看起來像是被掃把掃過的雲。當高空中往下飄落的冰粒被風帶動，就會形成這種條狀雲。

一大片又薄又白

卷層雲

單純由微小冰粒組成的白色薄雲。當天空被這種雲覆蓋，那就表示快要變天了。

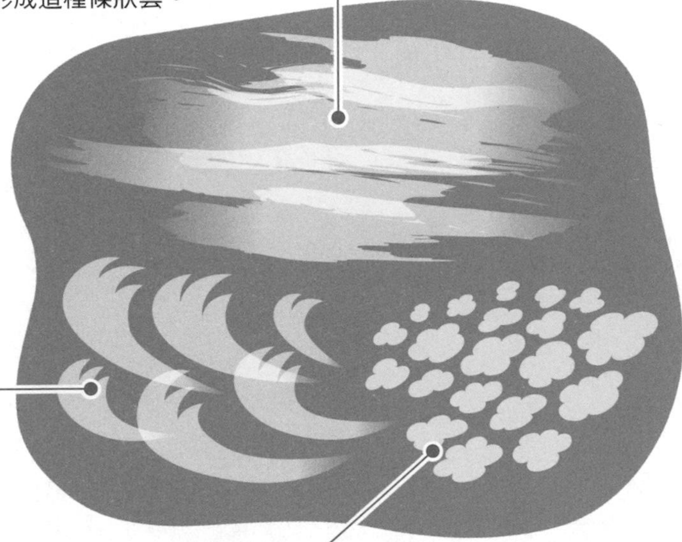

又叫做「魚鱗雲」

卷積雲

由許多小團塊的雲所組成，看起來像魚鱗。在日出或日落時，偶爾會因為反射陽光而染上色彩。

龍捲風是怎麼形成的？它和雲有關係嗎？

龍捲風中的空氣漩渦會一邊高速旋轉，一邊前進。這種自然現象通常發生在左頁的積雨雲下方：當不同高度的風往不同方向吹時，空氣就有可能會形成漩渦，進而發展成龍捲風。這種空氣旋轉現象所釋放的能量非常驚人，就連建築物、汽車或火車也會遭到破壞。

會下綿綿細雨**雨層雲**

又暗又厚的雲。這種雲是由水滴及冰粒組成，會下起綿綿細雨。雲的面積相當大，形狀也相當多變。

陽光難以穿透的**高層雲**

當天空出現這種灰白色烏雲，就會很難看見太陽；勉強看得見，太陽也會變得模模糊糊。

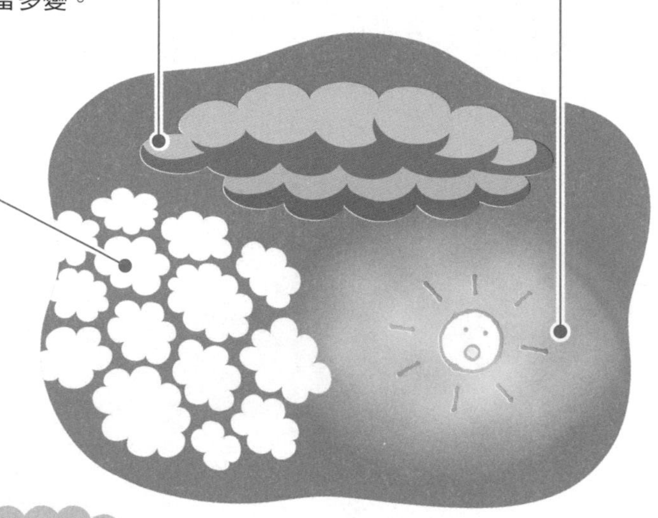

像一大群綿羊 **高積雲**

由許多像綿羊一樣的小雲團所組成。如果是在高山附近形成，有時會變成像P99的莢狀雲。

最典型的形狀**積雲**

這種雲容易出現在大海或河川上方等水蒸氣較多的地點。當溫暖的地表將水蒸氣往上推，水滴與灰塵凝聚在一起，就會形成積雲。

像橫向的波浪**層積雲**

這種雲出現在天空比較低的位置。可能有各種不同的形狀，特徵是會朝橫向延伸。

可能發生打雷 **積雨雲**

這種雲可能在短短30分鐘內形成巨大的雲團。積雨雲不僅會帶來強烈降雨，更因為雲中冰粒互相碰撞產生電流，還有可能造成打雷。

出現的高度最低**層雲**

地表附近常出現的「霧」，也算是一種層雲。當層雲受到太陽光照射溫度上升後，就會消失得無影無蹤。

雖然很常用，很多人卻不知道！天氣預報的原理

天氣預報的資料，都是從地面、海上、高空及太空觀測而來。來看看天氣預報是怎麼做的吧！

1 從各種來源蒐集大量資料

地面

▼**氣象觀測站**：能夠偵測出雨量、氣溫、風向、風速及日照時間等資訊，甚至連雲層高度也能觀測並記錄下來。

▼**氣象雷達**：藉由發射電波並分析反射數據，能夠知道半徑數百公里內的降雨及雲層狀況。

海上

▼**船舶觀測**：透過將觀測儀器裝設在船上，可以即時蒐集海面溫度、風力與氣壓等資訊。也有國家設計特殊的氣象觀測船，用來監控二氧化碳濃度。

▼**海洋氣象浮標**：藉由漂在海面上的浮標，觀測光照、氣壓、海浪狀況及海水溫度等資訊。

高空及太空

▼**無線電探空儀**：利用探空氣球將觀測儀器送上天空，觀測氣溫、溼度及風向等資料。

▼**氣象衛星**：用來觀測氣象的太空衛星。利用電磁波及紅外線攝影機觀測雲層、水蒸氣及風的狀況。能夠在極短的時間裡，觀測到廣大範圍的氣象數據。

mission 25 到山上親眼看一看夢幻的雲海吧！

從高山上往下俯瞰，有時可以看見一望無際的大片白雲，簡直像是大海一樣，那就是所謂的雲海。有很多登山客不辭辛勞爬到高山上，就是為了一睹夢幻的雲海。如果有機會跟著大人一起登山，你可以事先調查能夠看見雲海的地點，挑戰看看這個任務。

在山上所看見的雲海，通常是前一頁介紹的層雲或層積雲，這兩種雲在空中的高度比較低，所以只要爬到高山上，就有機會看到。除了登山之外，搭乘飛機時也能看見非常壯觀的雲海。不管是從地面抬頭看，還是從空中往下看，雲都能感動人心！

提示

☑ 夜晚及清晨的溫差較大時，更容易形成雲海。

☑ 雲海通常出現在清晨。

☑ 晴朗且沒有風的日子，比較容易看見雲海。

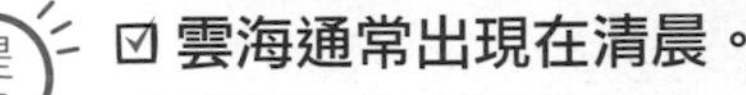

2 歸納分析資料

▼**超級電腦**：計算從各種來源蒐集的資料後，用軟體模擬天氣狀況，預測出天候資訊。

3 告訴大家預測結果

▼**氣象局預報員**：將超級電腦的預測結果整理後，正式對外發表。

▼**氣象主播**：將氣象廳所發表的天氣預測，以淺顯易懂的方式告訴觀眾。

mission 26

找個遼闊的地點，看看彩雲吧！

雖然不管是在學校、自己的房間，或是任何地方，都能輕易看到雲。但如果在視野良好的山區，還有機會看見不一樣的雲彩風景。

如果你到視野寬廣的地方，觀察漂浮在太陽附近的雲，有時會看見雲朵因為繞射太陽光，變成絢麗七彩的「彩雲」。彩雲大多會發生在卷積雲、高積雲等等，比較薄又帶有均勻小水滴的雲。當太陽光一照上雲中均勻的水滴，就會出現美麗的七彩色澤。

提示

☑ 天氣好的日子，較有機會看見彩雲。
☑ 位置較高的雲，較有機會形成彩雲。
☑ 彩雲大多是卷積雲、高積雲。

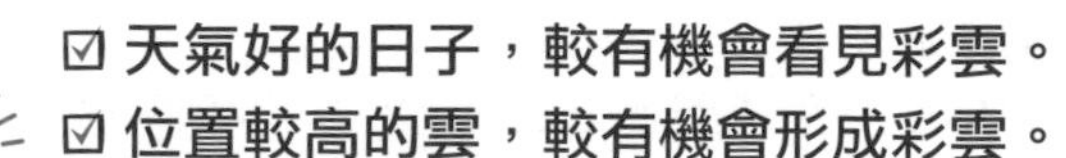

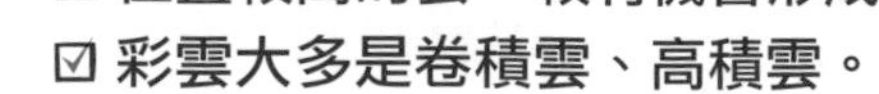

mission 27

比較月亮與太陽的大小吧！哪一個比較大？

幫助你達成任務

☑ 找一個地面平坦又安全的公園。
☑ 準備一顆球，以及一粒小珠子。
☑ 如果有能夠測量長距離的捲尺就更好了。

也別忘了這些行星！

白天的太陽和晚上的月亮，看起來好像一樣大？

說起月亮，大家常想到奔月的嫦娥或搗藥的玉兔；至於太陽，則是照亮地球的重要天體。地球繞著太陽旋轉，月亮又繞著地球旋轉，這3個天體的關係密不可分，但它們之中到底誰比較大？

準備直徑約1公尺的充氣大球當作太陽，以及直徑約2.5毫米的小珠子扮演月亮。找一個空曠的戶外場所，例如公園，把大球放在地面的固定位置，然後把小珠子拿在眼睛前方約25公分處。接著慢慢走動、拉開你與大球間的距離，直到大球與小珠子在眼中看起來一樣大，再翻到下一頁看看是怎麼回事。

原來太陽這麼大！比比看太陽系中行星大小！

地球是繞著巨大太陽旋轉的八大行星之一。月球則是繞著行星旋轉的衛星，體積比行星小得多。

太陽的直徑是月球直徑的400倍、也是地球直徑的110倍！

大約在你跟大球距離100公尺遠的時候，直徑1公尺的大球（太陽）看起來，會跟眼前25公分處直徑2.5毫米的小珠子（月球）差不多大。從這個實驗，就可以看出太陽和月球的差距。太陽非常、非常大，就算是跟地球比，也大上了110倍！

太陽系好厲害！

水星
因為距離太陽很近，白天的氣溫高達400℃，到了夜晚又會下降至-180℃。重力約只有地球的三分之一。

金星
厚厚的大氣層中含有高濃度的二氧化碳，累積了許多來自太陽的熱能，因此溫度非常高，星球表面的平均溫度高達450℃！

地球
含有大量能夠孕育出生命的液態水，是整個太陽系中最充滿生命力的星球。

火星
有火山及冰，也有四季變化。雖然空氣稀薄，但環境和地球比較接近，或許未來有機會發現生物。

木星
體積大約是地球的11倍大。整個星球的成分幾乎都是氦（就是吸了聲音會改變的那種氣體），以及氫。

土星
環繞著土星的光環，主要的成分是冰塊，此外還帶有少許岩石及宇宙灰塵。

天王星
由氣體及冰塊組成的行星。曾經因為巨大星體撞擊而傾斜，後來就一直維持著這個狀態旋轉。

海王星
全太陽系最外側的行星。距離太陽非常遙遠，大小約是地球的4倍。

\ 歡迎來到神祕世界！ /

宇宙中有鑽石做成的行星？

浩瀚無垠的宇宙中，存在著許多令我們難以想像的星球。只要深入瞭解，你一定也會愛上宇宙。

鑽石做成的行星？大小是地球的2倍！

美國耶魯大學與法國天體物理和行星研究所的科學家，在距離地球僅40光年的位置，發現了一顆推測主要成分為鑽石的行星——巨蟹座55e。這顆星球的大小是地球的2倍，整顆星球約有三分之一是鑽石，其餘成分則是石墨。

在宇宙中漂浮的酒醉彗星？

有一顆名叫「洛弗喬伊（Lovejoy）」的彗星，不斷在宇宙中釋放出大量的酒精及糖。這顆彗星是由澳洲的業餘天文學家泰瑞·洛弗喬伊（Terry Lovejoy）所發現，根據其他天文學家估計，這顆彗星每秒釋放出的酒精量相當於500瓶葡萄酒。

不會死的貪吃恆星

天文學家正在研究一顆名為「WD 1145＋017」的恆星。這顆星球曾經一度爆炸，但後來又開始發光，還粉碎了附近的行星，吸收那些行星碎片，可說是非常貪吃的恆星。

好想
多知道一點！

月球的祕密

大海的潮汐現象與月球引力有關

海水不是有漲潮及退潮嗎？那是因為太陽、月球的引力綜合起來，對地球造成的影響。面對著月球的海面，以及在地球另一側的海面，都會因為受到引力影響而漲潮；而在這兩個漲潮海面之間的區域，則會出現退潮的現象。

還有其他類似月球的天體？「迷你月球」是什麼？

除了月球，科學家發現還有其他小天體環繞著地球旋轉，被稱為「迷你月球（minimoon）」。因為它們實在太小了，有的直徑甚至只有約3公尺，再加上移動方式並不規則，因此很難掌握，直到現在依然相當神祕。

mission 28

沒有天文望遠鏡也沒關係！用雙筒望遠鏡觀察月亮吧！

LEVEL 1 LEVEL 2 LEVEL 3

難易度

MISSION CLEAR

達成就塗滿它

這次的任務，是親眼觀察月亮。就算沒有進階功能的單筒天文望遠鏡也沒關係，就用手持式的雙筒望遠鏡吧。只要抬頭看天空，應該就能看見月亮在哪裡，當然也可以拿指南針事先確認方位。

如果是在自家的陽臺上觀察月亮，有可能會因為太專心而不知不覺把身體探出欄杆外，這是非常危險的事情。所以觀察月亮的時候，還是要有大人在旁邊。觀察完月亮之後，或許你還會想要觀察太陽系的行星。只是如果想看清楚土星環這樣的細節，還是需要高倍率的天文望遠鏡才能做到。

☑ 想要看清楚月亮和星星，最好選擇街上燈光都已熄滅的深夜時間。

☑ 拿望遠鏡看太陽會傷害眼睛，千萬不能這麼做。

mission 29

星星多得數不清，來創造屬於自己的星座吧！

幫助你達成任務 提示

☑ 想想什麼樣的地方能夠看得清楚星星？
☑ 剛開始先找出最亮的星星吧。
☑ 參考十二星座，應該會比較容易想像。

Tips

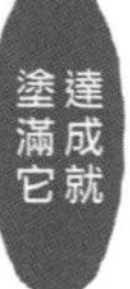

可能會找到這樣的星座？

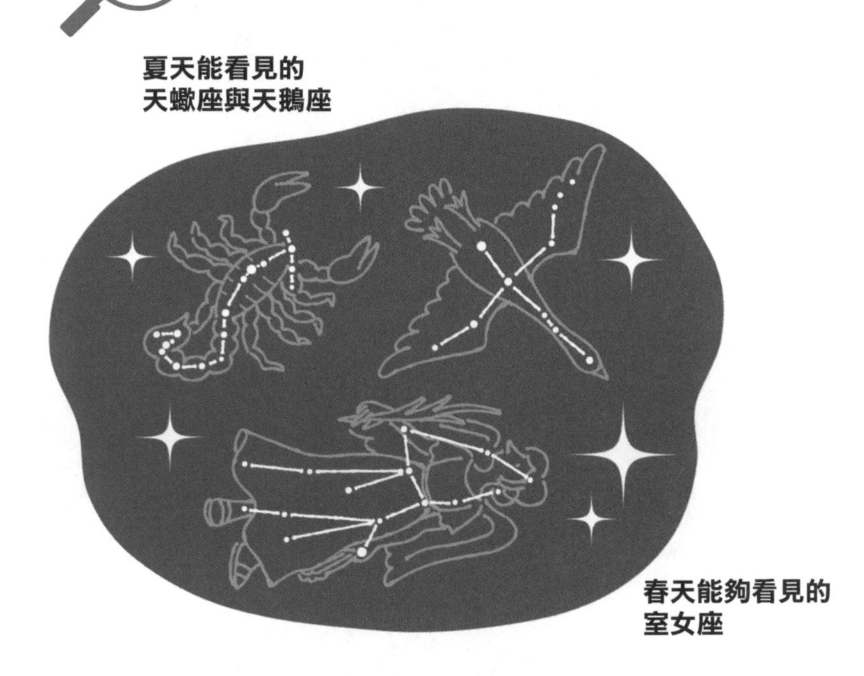

天空星座超級多！別忘了找出一等星！

你認識幾個星座？星座就像上圖一樣，是古代人將夜空的星星串連之後，想像出來的產物。當然這3個星座並不像這張圖所畫的一樣緊靠在一起，而是分布在廣大的夜空之中；目前全部星座的數量也不只有3個，而是多達88個。

既然星座是人類自己想出來的東西，你當然也可以創造出全世界獨一無二的星座。星星依照光芒的強弱，可用一等星、二等星的方式區分出等級。建議你先找出最閃亮的一等星，然後將它和周圍的星星連起來。試著發揮想像力，或許那些星星在你眼裡，會變成眼鏡、蛋糕或書本呢。

想要盡可能多看到一些星星嗎？在觀察星星前，你應該知道這些事！

從家裡的陽臺就能看見星星，但如果想要看得更清楚，你可以利用以下這些知識。

怎麼樣的地點，可以清楚看見星星？

熱鬧的都會區跟環繞著大自然的田園，
哪一邊比較能夠清楚看見星星？答案是田園。
都會區較難看見星星，有這兩個原因：

原因①

高樓大廈會擋住視線，讓我們沒辦法看見完整的天空。而且都會區即使到了夜晚，街道還是很明亮，不容易看見星光。

原因②

都會區的空氣中飄浮著較多灰塵、水蒸氣及大氣汙染物質，這些東西會反射街道的燈光，讓天空變亮，星光也就不明顯了。

在都會區也能清楚看見星星的祕訣

就算住在都會區，也不必就此放棄。
你只需要注意一些小技巧。

- 先找出一等星、二等星這類較明亮的星星。
- 星星的位置會隨著季節及時間而移動。但是二等星中的北極星，由於它和地球的相對位置較特殊，幾乎看不出移動，因此比較容易找到。要找出北極星，可先找出勺子形狀（也像問號）的北斗七星。再把最前端兩顆星星的間距筆直拉長5倍，就是北極星的位置。
- 如果天空中有雲，當然會沒辦法看清楚星星。建議挑選晴朗無雲的夜晚來觀察。
- 如果是從家裡的房間窗戶往外看，應該要先將房間的電燈關掉。如果視野之中有公園的燈光或路燈，可以試著用手把那些燈光遮住，就比較能夠看得清楚星星。

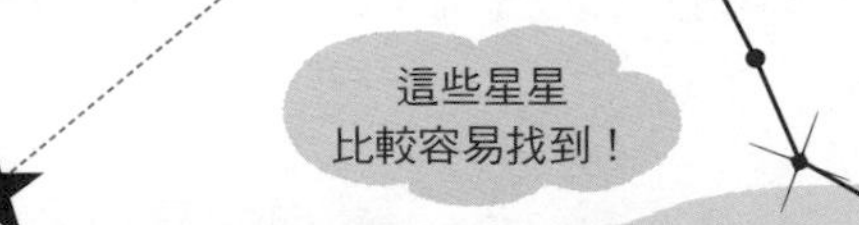

＼ 古代人真是太有想像力了！／

這些是什麼星座？

天空中有著非常多像天鵝座這樣獨特的星座。
快來猜猜下面這些是什麼星座吧。

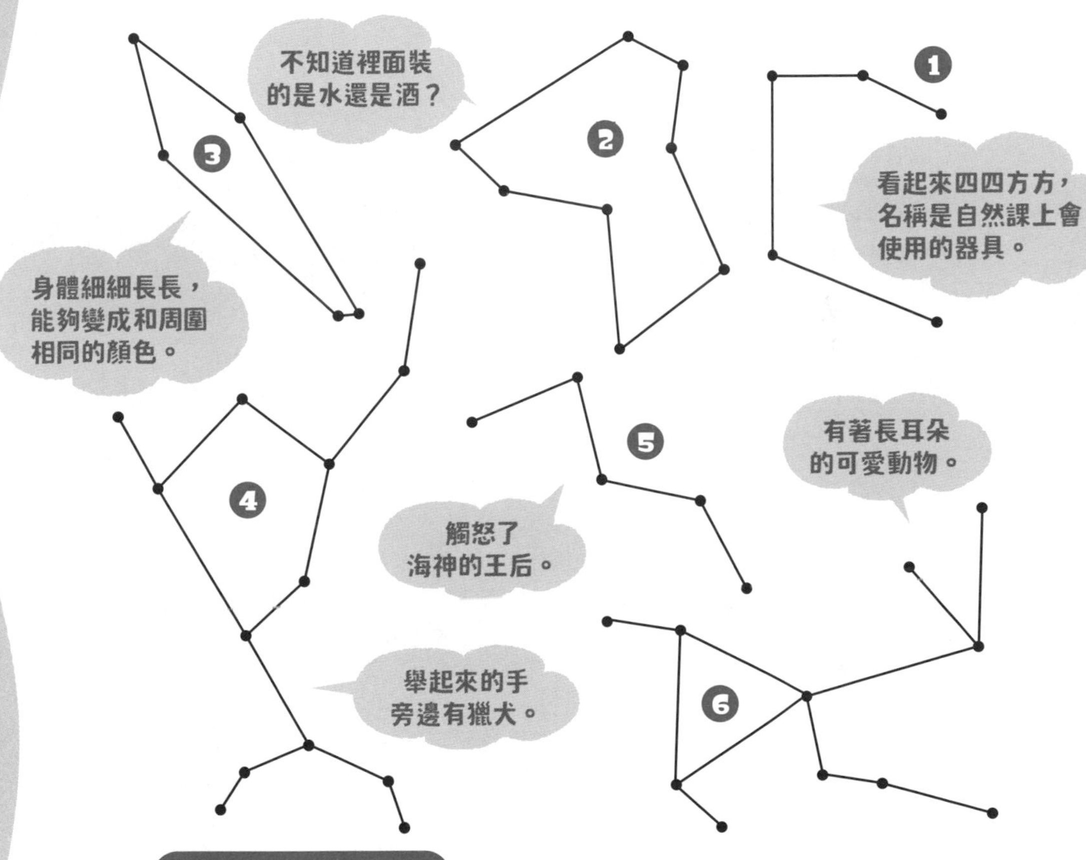

從這裡挑選答案吧！

天兔座…… 冬天的星座。建議可以先在南方的天空找到兩隻耳朵。

巨爵座…… 春天的星座。「爵」的意思是裝酒用的容器。

蝘蜓座…… 南半球才能看見的星座。「蝘蜓」在這裡是「變色龍」的意思。附近還有「蒼蠅座」。

仙后座…… 由於在北極星的附近，一整年都看得見，不過秋天觀賞最清楚。

牧夫座…… 春天的星座。高高舉起的手臂旁邊還有獵犬座。

顯微鏡座… 秋天的星座。因為是五等星以下的星星，不太容易找得到。

 答案在P125。

記起來，在朋友面前超人氣！

十二星座的神話

十二星座，指的是在太陽行進路線（黃道）經過的12個星座。古代人根據希臘神話，為這12個星座取了獨特的名稱。快來看看這些星座的神話故事吧。

白羊座

原本是一頭金羊，身為全知全能天神宙斯的使者，因為載著受迫害的王子公主兩兄妹逃走有功，被列為星座。

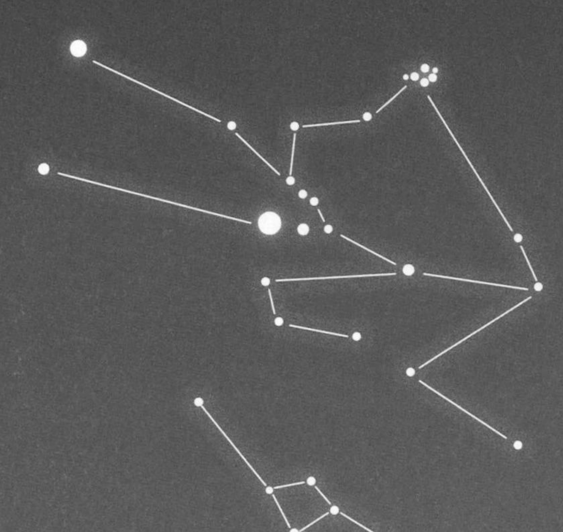

金牛座

宙斯對一位名叫歐羅芭的婦人一見鍾情，於是化身成一頭白色的公牛，將歐羅芭帶走。後來宙斯現出真面目，兩人結了婚，並把公牛化身留在天上。

雙子座

卡斯托耳和波魯克斯是一對雙胞胎兄弟。哥哥卡斯托耳死去後，弟弟波魯克斯向宙斯懇求，希望將自己的生命分給哥哥，宙斯於是讓兩人變成了同一個星座。

巨蟹座

原本是一頭螃蟹形狀的怪物。在英雄海克力斯攻擊牠的同伴時，牠用鉗子夾住海力克斯的腳，結果反遭英雄一腳踩死。牠的勇氣受到讚揚，因此被升格到天上成為星座。

室女座

右手拿著椰棗葉、左手拿著麥穗的大地女神狄蜜特；不過，也有人說室女座是狄蜜特女兒的化身。

獅子座

英雄海克力斯與一頭外貌像獅子的食人怪獸決鬥，成功將怪獸殺死。獅子怪獸的力量受到宙斯認同，因此被升天為星座。

大多數的星座名稱都來自於希臘神話！

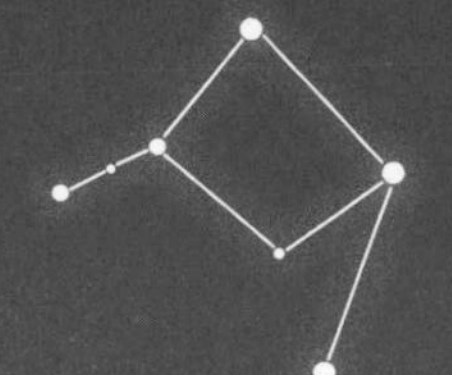

天秤座

正義女神阿斯特莉亞手中的天秤，可以用來裁斷世人靈魂的善惡。但是世人之間爭執不斷，天秤總是往「惡」的方向傾斜，最後女神決定留下天秤，返回天界。

射手座

人馬凱隆持弓射箭的模樣。令人尊敬的凱隆擁有淵博的學識，曾教導英雄海克力斯狩獵，但海克力斯不小心以毒箭誤傷了凱隆。宙斯由於敬佩凱隆，便將他升為星座。

天蠍座

在女神赫拉的指使下，一隻毒蠍扎傷了獵人俄里翁的腳。天蠍座就是那隻毒蠍。只要天蠍座升上天空，獵戶座就會下沉，簡直像逃走一樣。

摩羯座

摩羯座上半身是羊，下半身是魚。有次眾神舉行宴會時，怪物堤豐突然出現，頭上長羊角的牧神潘嚇得跳進海水中逃走，變成了摩羯座的樣子。

寶瓶座

宙斯變身成一隻老鷹，擄走了特洛伊王子蓋尼米德來當倒酒侍者。寶瓶座是王子拿著酒瓶的樣子，裡面裝著長生不老的酒。

雙魚座

美麗女神阿芙蘿黛蒂與兒子厄洛斯走在河岸邊，突然遇上怪物堤豐，兩人嚇得趕緊跳進河裡。雙魚座就是幫助兩人逃走的兩條魚，另一個說法則是兩人變成了魚。

什麼是夏季大三角？

星星除了會被串連成星座之外，有時不同星座中的星星也會被串連在一起。這代表什麼意思呢？

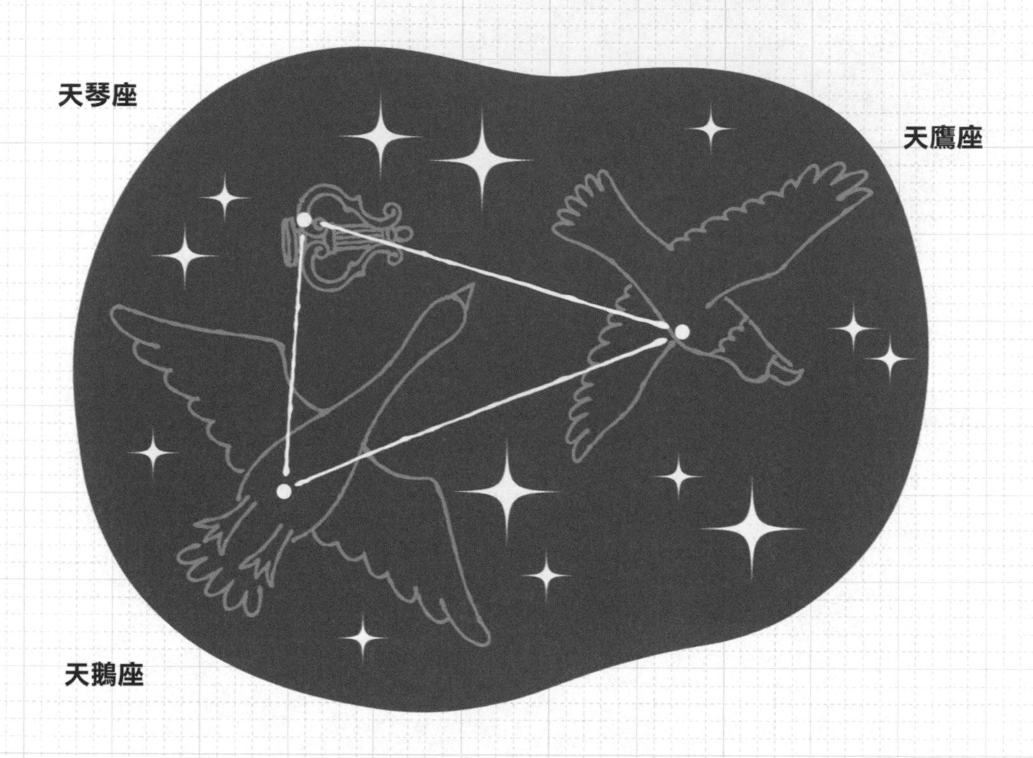

將天鷹座、天鵝座與天琴座的星星串連起來！

將這3個星座中各自的一等星串連起來，就成了「夏季大三角」。這是只有夏天才能看見的三角形。3顆一等星之中，包含了天鷹座的牛郎星，以及天琴座的織女星，也就是著名七夕故事中的牛郎與織女。這2顆星星距離15光年遠，如果從牛郎那裡用光線打暗號給織女，織女必須要到15年後才能接收到！由此可看出夏季大三角橫跨的距離有多麼遙遠。

夏季大三角的功用？

一等星及二等星較為明亮，只要記得利用大三角中的這些星星當基準，就較容易找到周圍不明亮的星星。古代人還會靠這樣的方式來辨別方位。

春季和冬季也是大三角，秋季則是四邊形

春季大三角連結了室女座、牧夫座及獅子座的星星，冬季大三角是連結了大犬座、小犬座及獵戶座的星星。至於秋季，則是以飛馬座為中心，連結周圍的二等星及三等星，形成四邊形。

去看流星雨吧！

流星雨出現時，可以同時看見很多流星。有些流星雨每年會在固定的時期出現，快去看看吧！

說起夏天，就會想到英仙座流星雨！

出現在8月的英仙座流星雨！

夏天出現的英仙座流星雨是一整年之中，流星特別多的流星雨。只要湊齊空氣品質不錯、光害少等條件，每個小時都能看見約100顆流星。整個天空的任何方位都有可能出現流星，但出現在東北方天空的機率較高。除了街燈之外，月光也是照亮天空的光源之一，因此建議往沒有月亮的方向看。

還有其他的流星雨！

除了英仙座流星雨之外，還有冬季的象限儀座流星雨及雙子座流星雨。你可以查詢接下來最近的流星雨是在什麼時候報到喔。

mission 30

把握流星雨期間，試著在一小時內看見10顆流星！

難易度 LEVEL 1 LEVEL 2 LEVEL 3

達成就塗滿它 MISSION CLEAR

聽說只要對著流星許願，願望就會實現。如果真的是這樣，在發生流星雨的日子裡，應該能實現超多願望才對。你可以先在網路上查詢，或看看新聞確認流星雨的發生日期，然後找一個適合看星星的地點來觀察。如果是夏天的話，推薦選擇英仙座流星雨。

通常一場流星雨會持續一個星期左右，但就算是同一場流星雨，也有流星特別多的巔峰時間。只要能夠配合巔峰時間，再加上良好的環境條件，就會看見彷彿從天而降的大量流星。只要一個小時之內看見10顆流星，任務就算達成了！

☑ 看流星也可參考P112的觀星祕訣。

☑ 事先查好流星雨的巔峰時間。

☑ 躺在地上看天空，能夠看見的流星最多。

第4章 天文

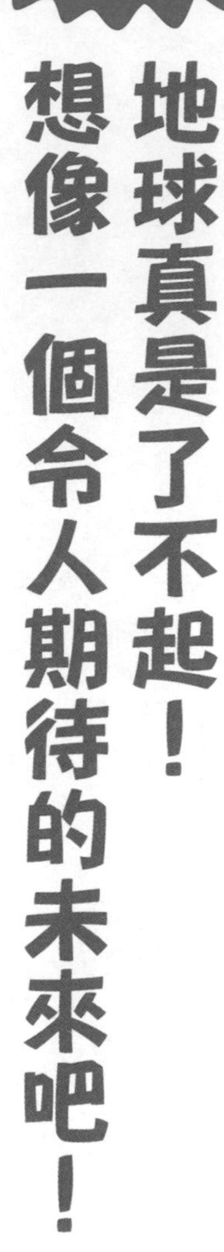

mission 31

地球真是了不起！想像一個令人期待的未來吧！

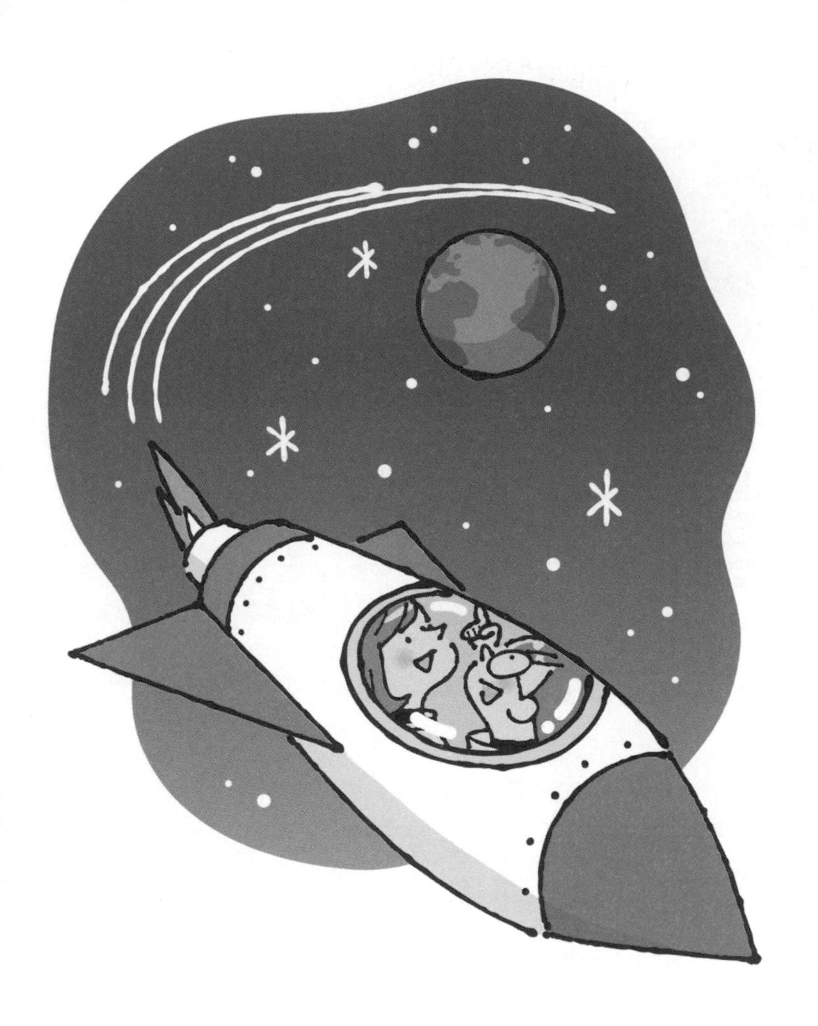

幫助你達成任務

提示

- ☑ 查詢關於火星移居計畫的最新資訊！
- ☑ 如果能夠事先掌握宇宙中有著什麼樣的星球，那就更好了！
- ☑ 準備好紙跟筆。

Tips

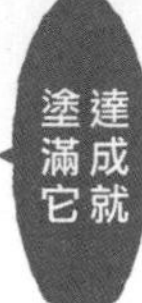

以後可能可以做到這些事？

對宇宙中其他行星越理解，越能體會地球真是了不起！未來的世界會是什麼樣呢？

我們在前文提到過，火星上的環境和地球特別相似。或許火星上也會有生物，或者是對人類有價值的資源。事實上美國航空暨太空總署（NASA）及許多大企業，都在研究移居火星的可能性。

但其實除了地球，太陽系的其他行星，幾乎都不適合人類居住。例如水星的溫度過高，天王星則是由氣體及冰塊所組成；就連火星，也是一個空氣相當稀薄的環境。相較之下，地球的存在幾乎可說是個奇蹟。如此寶貴的地球，將來會與宇宙建立起什麼樣的關係呢？

科技日新月異！

全世界都在進行著各式各樣的宇宙開發計畫！

雖然這聽起來像科幻故事，未來卻可能發生在現實生活。不久後，或許人類能夠住在月球或火星上。來回顧一下到目前為止的宇宙開發歷史吧。

只要能掌握資源，移居太空將不再是夢想！

說起宇宙開發，大家首先想到的都是NASA及JAXA（日本宇宙航空研究開發機構），但其實還有許多大學的研究組織及民間企業團體也在努力。根據最新的研究顯示，月球及火星上都可能有水的存在。這對想要實現移居太空的企業團體來說，十分振奮人心。因為只要有水，就能夠生活。民間企業紛紛提出各種移居太空的構想，例如要建立一個耐高溫的居住環境，以適應月球表面的巨大溫差變化等。

宇宙開發的歷史

1961年　地球是藍色的！人類史上第一次太空飛行！

蘇聯太空船「東方1號」載著太空人尤里・加加林（Yuri Gagarin）環繞地球一圈，完成了人類史上第一次太空飛行。

1976年　火星探索首次宣告成功！

在此之前，人類已挑戰過很多次火星探索，但都以失敗收場。最後由美國無人探測機「維京1號」成功登陸火星並傳回資料！

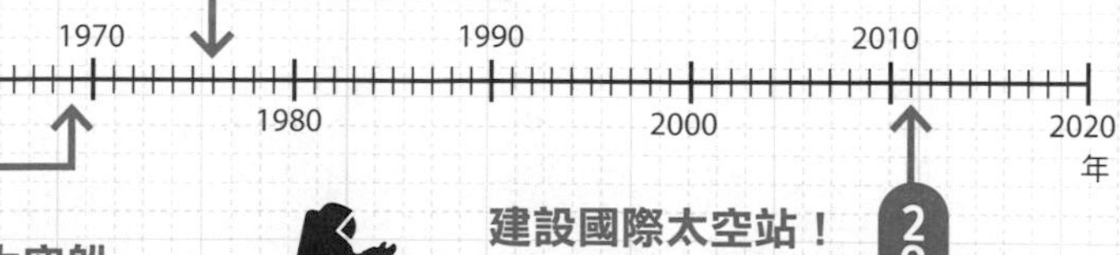

1969年　太空船「阿波羅11號」登陸月球！

美國的太空船「阿波羅11號」成功登陸月球，讓人類朝著太空踏出一大步。

2011年　建設國際太空站！

國際太空站是一座距離地表400公里的巨大實驗設施，人類可以在裡面生活。許多太空人都曾到過這裡，進行著各種的實驗及研究。

每個人都在關心！

\ 火星探索任務 /

能進行大範圍探索的直升機完成實驗！

說起探測機，大家腦中容易浮現裝備輪胎的四四方方的機器人，在地面緩緩前進。但就在2021年，NASA成功的在火星完成了直升機飛行實驗。由於火星上的空氣很稀薄，加上重力只有地球的三分之一，因此這可是非常艱鉅的實驗。未來有了直升機的協助，能夠探索的範圍一定能大幅提升！

在火星觀測到地震！火星內部是什麼樣子？

NASA的探測機在火星上觀測到了地震。地球上有地震，是因為岩漿的關係。這麼推測起來，火星也許也跟地球一樣有岩漿也不一定，也可能是某種不知名的物質所造成的影響。

mission 32 發揮想像力，尋找能夠體驗失重的地方！

LEVEL 1 LEVEL 2 LEVEL 3 難易度

MISSION CLEAR 達成就塗滿它

變得輕飄飄，完全沒有重量，那種感覺一定相當奇妙。在太空中會發生這樣的現象，是因為那裡沒有像地球這樣的重力。

什麼樣的地方，能夠體驗類似失重的感覺呢？提示是從太空人的地球訓練中尋找——答案就是水中。只要到游泳池去，讓自己浮在水面上就行了。當你離開游泳池的時候，是不是會感覺體重都回來了，身體變得很沉重？太空人回到地球的時候，也會發生類似的現象。

☑ 想想看，生活中什麼地方能夠讓你「浮起來」？

☑ 科學教育館或科技展館，有時也會舉辦無重力體驗活動。

地球真是太偉大了！未來我們將置身在什麼樣的有趣世界中呢？

太空探索雖然很有意思，但也面臨許多挑戰。只要想像一下太陽系其他行星的環境，應該不難理解太空探索有多麼困難。相較之下，地球可說是具備了所有讓生物活下去的必要條件：地球距離太陽不會太遠，也不會太近；而且擁有能夠阻隔危險宇宙射線的磁場；有豐富的水資源，包含許多對生命來說不可或缺的淡水；地球上有植物，不僅能靠著光合作用製造氧氣，還能拿來食用。太空中是否有其他星球，擁有像地球這樣珍貴的環境呢？目前看起來機會還很渺茫。

不過，即使我們明白地球有多麼珍貴，依然對太空抱持著憧憬。相信在太空中，還有許多令人興奮不已的發現與邂逅，正在等待著我們。

人類可能建造出
超巨大太空站！

或許有來自其他
星球的太空船！

或許還有著許多過去
沒見過的建築物！

也可能開發出能在
太空用的大型機械！

如果未來可以住在其他
星球，地球是否也會變
成天上的星星之一？

剩下一點點了！
再加把勁，將這些任務都達成，
你一定會更加熱愛大自然！

mission 33 在住家附近找出1種動物的巢穴吧！

難易度 LEVEL 1 LEVEL 2 LEVEL 3

達成就塗滿它 MISSION CLEAR

我們在第1章中，介紹了昆蟲、鳥類、蜥蜴等動物。當然除了這些之外，地球上還住著許多其他動物，例如水邊會有螃蟹及青蛙。這次的任務，就是找出這些動物的巢穴。

如果你對某種動物特別感興趣，可以查查看那種動物住在什麼樣的環境裡。是樹上？還是土裡？接下來，就是到住家附近的可能地點觀察一下。只要能夠找到一處住著那種動物的地方，這個任務就算達成了。

提示

☑ 有時鳥類可能會在民宅的庭院裡築巢。
☑ 蜥蜴的巢穴通常是在石頭縫隙間或地底下。
☑ 仔細觀察樹木或泥土，或許能找到類似巢穴的東西。

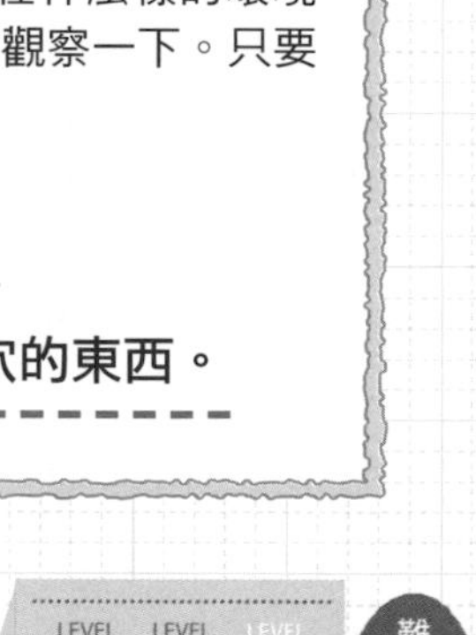

mission 34 在住家的附近走一走，找出對環境不好的東西！

難易度 LEVEL 1 LEVEL 2 LEVEL 3

達成就塗滿它 MISSION CLEAR

說起對環境不好的東西，大家首先想到的應該都是垃圾吧。我相信你家在丟垃圾方面一定很守規矩，資源回收也做得很好。但是世界上還是有一些壞人，會在街上亂丟垃圾；更糟糕的是把垃圾丟在山上、河邊或海岸邊，一旦這些寶貴的自然環境裡出現垃圾，昆蟲及魚類就會失去適合居住的環境，我相信你一定也不希望地球這「奇蹟之星」遭受汙染吧？試著在你家的附近找找看，有沒有像這樣遭受汙染的地方。如果有的話，請你幫忙把垃圾撿起來，放進垃圾桶裡。就算只是撿一樣垃圾，也具有相當大的意義。

提示

☑ 河邊或海邊可能會有不知從哪裡漂來的罐子或塑膠袋。
☑ 有些人在露營結束後，會留下垃圾沒有帶走！
☑ 可以特別注意路邊護欄或空地鐵絲網底下。

\ 終於到了最後一項任務！ /

last mission

mission 35

到戶外盡情探索，製作出你自己的探索手冊！

LEVEL 1 LEVEL 2 LEVEL 3 難易度

MISSION CLEAR 達成就塗滿它

最後這項任務，能夠讓你有所成長，成為一個懂得珍惜生物及大自然的美好大人。你需要的東西只有筆記本和鉛筆。如果有放大鏡，那就更好了。

請你帶著這些東西到住家附近，或是公園、河岸等地點。挑選一樣你認為很有趣的東西，並把外觀畫下來，然後寫上特徵。可以是顏色鮮豔漂亮的昆蟲，也可以是上面有著獨特紋路的石塊。用你自己的畫跟字填滿一整本筆記本，這個任務就達成了。只要製作出這麼一本筆記本，你也是個名副其實的自然專家了。

☑ 準備筆記本和鉛筆，最好還能有放大鏡。

☑ 依照發現的環境來分類，畫在不同的頁面上，應該會很有趣。

答案在這裡

P.26 擅長偽裝的昆蟲

上方樹枝上有竹節蟲，中間下方的葉子上有蝗蟲，右下角有長得像枯葉的雙色美舟蛾，圖的正中央有和魁蒿花相似的斑冬夜蛾幼蟲。

P.77 自然問題大挑戰！

Q1❷　Q2❸　Q3❷　Q4❶　Q5❶

Q6❷　Q7❶　Q8❸　Q9❷　Q10❶

Q11❸　Q12❸　Q13❶　Q14❸

P.113 這些是什麼星座？

❶顯微鏡座 ❷巨爵座 ❸蝘蜓座

❹牧夫座 ❺仙后座 ❻天兔座

關於這個擁有豐饒大自然的美好地球，最後我有幾句話，很想要告訴讀完了這本書的你。

讀完了這本書的你，一定明白了以下這幾件事：

「昆蟲的種類真的相當多呢。」

「植物真的是太聰明了。」

「大地一直在移動，眼前這顆石頭一定也來自於某一座火山。」

除此之外，你應該會產生以下這樣的疑問：

「像地球這麼美好的星球，到底是怎麼誕生的？」

科技必定還會持續發展。在不久後的將來，或許我們所有人都能上太空。據說在「阿波羅計畫」中登上月球的太空人，看見了圓滾滾的地球，內心大受感動。那是一顆沒有國境分界的藍色星球。相較之下，月球表面沒有水也沒有空氣，是個相當可怕的世界。

地球孕育出了無限的生命，不管是動物還是植物，大家都是盡全力想要讓自己活下去。人類也一樣，我們學會了體恤他人之心，盡可能避免不必要的爭執。在演化的過程中，人類不斷想要讓自己變得更加善良。

但是不知從何時開始，我們漸漸失去了善良之心。

努力理解大自然，就是在努力明白地球的美好。而地球最美好的事，就在於這裡有一群努力想要明白大自然奧妙的人類。

對，你也是其中之一。

如今的你，已經開始對豐饒的自然環境與生物抱持興趣。當你有了這樣的心態，一定會認真思考守護環境的重要性。不過那可不是「皺著眉頭」思考，而是帶著樂在其中的心情思考。

就像你帶著樂在其中的心情，挑戰了本書中所有任務一樣。在快樂的遊戲中學習及實踐，是非常重要的事情。當一個人全心全意做著自己喜歡的事情，勢必可以快速成長。

我相信這本書所帶給你的契機，一定能夠讓你更上一層樓！

最後，我要謝謝你讀完了這本書！

本書監修 **露木和男**

參考資料

- 《昆蟲的生態圖鑑（大自然的不可思議 增修版）》岡島秀治／監修（學研PLUS）
- 《口袋版 身邊昆蟲散步手冊》森上信夫／著．攝影（世界文化社）
- 《昆蟲的手法觀察導覽手冊─在山上發現的食痕、產卵痕、巢穴》新開孝／著．攝影（文一綜合出版）
- 《植物擁有「知性」 以20種感覺進行思考的生命系統》Stefano Mancuso、Alessandro Viola／著，久保耕司／譯（NHK出版）
- 《森林中的不可思議生物 黏菌圖鑑》川上新一／著，伊澤正名／攝影（平凡社）
- 《初次學習地質學 調查日本的地層與岩石》日本地質學會／編著（Beret出版）
- 《越看越覺得不可思議！真正理解地球科學》鎌田浩毅／監修．著，西本昌司／著（日本實業出版社）
- 《雲與天氣大事典》武田康男、菊池真以／著（茜書房）
- 《太美麗的星星們 觀察、理解與攝影的星座教科書》渡部潤一／監修（寶島社）

少年知識家

Let's Go！自然探索任務：
邊學邊玩有趣實用的生物．地科．天文知識

監修｜露木和男　繪者｜河南好美　譯者｜李彥樺
審定｜王靖華、顏聖紘
責任編輯｜曾柏諺　特約編輯｜戴淳雅　美術設計｜李潔　行銷企劃｜王予農

天下雜誌群創創辦人｜殷允芃
董事長兼執行長｜何琦瑜
媒體暨產品事業群
總經理｜游玉雪　副總經理｜林彥傑
總編輯｜林欣靜　版權主任｜何晨瑋、黃微真

出版者｜親子天下股份有限公司
地址｜台北市104建國北路一段96號4樓
電話｜（02）2509-2800　傳真｜（02）2509-2462
網址｜www.parenting.com.tw
讀者服務專線｜（02）2662-0332　週一～週五：09:00~17:30
讀者服務傳真｜（02）2662-6048　客服信箱｜parenting@cw.com.tw
法律顧問｜台英國際商務法律事務所．羅明通律師
製版印刷｜中原造像股份有限公司
總經銷｜大和圖書有限公司　電話：（02）8990-2588

出版日期｜2023年6月第一版第一次印行
定價｜380元　書號｜BKKKC245P
ISBN｜978-626-305-481-3（平裝）

國家圖書館出版品預行編目資料

Let's Go! 自然探索任務：邊學邊玩有趣實用的生物．地科．天文知識／露木和男監修；河南好美繪；李彥樺譯；-- 第一版. -- 臺北市：親子天下股份有限公司, 2023.06
128面；17 x 23公分. -- (少年知識家)
ISBN 978-626-305-481-3(平裝)
1.CST: 地球科學 2.CST: 通俗作品

350　　112005773